花能治病，草能医症

养盆好花
不生病

张林波◎编著

北京联合出版公司
Beijing United Publishing Co.,Ltd.

图书在版编目（CIP）数据

养盆好花不生病 / 张林波编著 . — 北京：北京联合出版公司，
2016.1（2022.5 重印）

ISBN 978-7-5502-6718-3

Ⅰ . ①养… Ⅱ . ①张… Ⅲ . ①花卉 – 观赏园艺 Ⅳ . ① S68

中国版本图书馆 CIP 数据核字（2015）第 283990 号

养盆好花不生病

编　　著：张林波

责任编辑：李　伟

封面设计：韩　立

内文排版：盛小云

北京联合出版公司出版

（北京市西城区德外大街 83 号楼 9 层　　100088）

北京市德富泰印务有限公司印刷　新华书店经销

字数 234 千字　　720 毫米 ×1000 毫米　1/16　14 印张

2016 年 1 月第 1 版　2022 年 5 月第 2 次印刷

ISBN 978-7-5502-6718-3

定价：58.00 元

前言

　　花草是大自然的恩赐，养花不仅能修身养性，还有着十分重要的健康功效，比如花草能去污除尘，还你清新空气；花草还可入菜，为您的佳肴增添美味；花草可治疗日常小病小痛，是你家庭急救的小药箱等。了解了花草的功效，择一盆好花，就能将健康和美丽带给自己和家人。

　　怡心增寿，从养一盆好花开始。养花首先可以陶情养性，增添生活乐趣。花朵丰富的色彩，从视觉给人以纯洁、愉悦的感受；错落变化的花枝，给人一种视觉空间的活泼美感；幽幽花香，更能怡心宁神，调节身体功能，益于身心健康。其次，养花还可以减少或者消除室内环境污染对人体造成的危害，促进人体健康。当然，花草除了能陶冶性情、净化空气外，对人体还有着更为重要的作用。

　　花能治病，草能医症，花草是我们保健、防病养生，绿色又天然的良药。每种花草都有独特的药用功效，如百合花润肺止咳，清心安神；菊花可去火除烦，清肝明目；红玫瑰、栀子花等有治疗气管炎、咽炎的作用。因此我们可以自制花药，来治疗生活中常见的牙痛、感冒、口腔异味等小毛病。而最直接、最简单的方法就是将花草入膳。其中花草茶便是被现代人所推崇的，因其自身含药物成分，不含咖啡因，所以可以防治疾病、延年益寿，即便长期饮用也不会对人体造成伤害。而且花草保健，经济又健康。现在花卉市场上的一般花卉都在 15~200 元之间，如果自己买种子栽培，会更加经济实惠，只需几元钱就可以培育出茂盛的天然保健品。在家中养几盆能够治病的花草，在观赏之余摘其花叶，泡上一杯花草茶或是烹饪一款花草药膳，可以养身、养颜、养神，一举多得。

　　花养眼，果养身，香怡人，绿宁心，养盆好花是您修养身心、防病治病的最好选择。本书介绍了近百种花卉，按照花卉功能、四季、所处环境、人体体质特征、特殊人群等对花进行分类，让有需求的人一目了然，无论何时何地，你都能找到适合自己和家人养的花。每一种花都详细介绍了各部位的性味归经、药用功效，并附上了疗效独特的药用小偏方和药膳，即使长期应用，也不会产生耐药性及毒副作用。此外，还介绍了每种花的养护要点，即使是入门新手也能得心应手，成为养花达人。

目录

第三章

净化空气，花草当家

第四章

四季好花开，健康自然来

第五章

辨清体质养对花

第六章

好花保健也要分环境

第七章

特殊人群养对花草助健康

第一章
养盆好花不生病

花卉是大自然的恩赐，我们不仅要通过赏花来修身养性，更要知道花卉的健康功效，比如花卉有独特的净化空气功能；花卉是您的外用急救箱；花卉能为您的佳肴增添美味等。只有了解了这些功能，才能选择适合自己的花，把健康和美丽一起带给自己和家人。

一花一草能治病

在五彩缤纷的花卉世界里，百花争艳，香气袭人，当你陶醉于这美景当中时，你是否意识到花不仅姿色娇美，清幽芳香，而且还具有很多保健和医疗功效？近年来，科学家研究证明，花是一种值得开发的营养丰富的食物资源，也是一种有用的药材。如金银花、荷花、牡丹、栀子、茉莉等皆是中药，有非常好的治病效果。

许多花卉具有滋补脏腑、调节机体功能的作用，理所当然能成为养生保健的良品。如石斛、地黄、百合、仙草等，皆有滋养人体、强壮体质的作用，我们既可欣赏又可补养身体，一举两得。因此，人们可用日常所见的花草来为自己的健康服务，达到养生保健、延年益寿的目的。

一花一草能治病，这里的病指的既是生理上的，又是心理上的。种花养草是一种调节精神、排忧解郁的好方法。因为花能陶冶情志，调节精神，使人乐观，健康长寿。清代钱塘外治专家吴师机说过："听曲消愁，看花解郁。"人们见到花卉的斑斓色彩，闻着芬芳的气味就会觉得兴奋、愉悦，一切忧愁即可丢之脑后。设想一个人如果在花卉满园的环境中生活，从中一定能得到美的享受。所以，如果你是一个郁郁寡欢、多愁善感的人，若以养花为乐，以花为友，定能让你心旷神怡，郁结的心理自然痊愈。

氧气是人不可缺少的东西，尤其患有呼吸系统疾病的人更需氧气供给，而种花草可以为您打造一个天然氧吧。大家都知道，植物在光合作用下吸收二氧化碳而放出氧气。所以养好花草，可调节空气中的含氧量，同时改变空气中的湿度、温度，使人如同在一个自然氧吧中生活，从而达到治病养生的目的。

种花养草是一种有益的全身性活动，动手又动脑，尤其适合老年人。而且种花养草完全出于自己的兴趣和爱好，没有压力和外界干扰，是一种自觉的、积极的活动。种花养草可随时劳逸、量力而行，而且多是室外活动，劳动与休息有机结合，不会出现过劳伤人的情况，故有益于养生和保健。

总之，一花一草能治病，花花草草是我们保健、治病、防病、养生，绿色又天然的良药。

花草多入药，花到病除

　　自然界中生长着极其丰富的珍奇花卉，既是名花，又是美食，更是良药。不仅可赏、闻、吟咏，而且可入肴、药，治病救人。花卉是植株的精华，含有很多养分，这些养分被人体吸收后，能促进人体的新陈代谢，补充人体能量，调节人体生理机能。我们平时用的很多成品药物里面都有花卉的成分，随着药理研究的深入开展，现在花卉药物已广泛应用于内科、外科、妇科、儿科、皮肤科、五官科、神经科、肿瘤科等各科。在某些医学领域内，花卉药物还显示了它的独到之处，取得了令人瞩目的疗效。

　　花药有着许多独特的功效。我们可以自制花药，利用花来治病。如扶桑花能清肺化痰，凉血解毒；百合花润肺止咳，清心安神；菊花可去火除烦，清肝明目；金莲花可清热消炎，抗病毒；桂花止咳，消炎杀菌；水仙花除热；茉莉花暖胃；木兰花通窍；杜鹃花平喘；合欢花解郁；蜡梅花生津；金银花解毒；牡丹花活血；玫瑰花舒肝和胃；槐花凉血疗痔；菊花疏风散热；凤仙花活血祛瘀；红花化瘀活络；鸡冠花疗带下量多；红玫瑰、茉莉、米兰、栀子花等具有杀菌、消炎、预防流感，治疗气管炎、咽炎的作用。

　　花养女人，事实上很多花也能呵护女性的身体。例如，《神农本草经》里说，桃花"令人好颜色"。另外，桃花还有活血止痛、利尿通便的作用。益母草是一味妇科良药，有活血调经的作用，对血瘀引起的痛经、月经不调等有一定疗效。玫瑰花能理气、解郁、活血，除了可以调节月经，对乳腺增生、乳房胀痛等也有较好的疗效。将干燥的玫瑰花与橘络、橘核等一同煎服，有活血、理气、止痛的作用。

　　有些花闻起来沁人心脾，吃起来却很苦。不过，苦涩的花也有其特定的药效。栀子花芳香怡人，全草均能入药，有很强的泻火除烦、清热解毒的功效；茉莉花淡雅清香，素馨花被称为疏肝解郁的"花香之王"；白菊花味道较淡，代茶饮能清热明目，可以和决明子、枸杞子一起泡服。将栀子与豆豉一起煎服，即通常说的"栀子豉汤"，能治疗心烦。

　　这里只是简单举了几个例子，凡花多可入药，为您排忧解难，去除病痛的烦恼。

对症养花，保健别走弯路

如今花药用、食用已成时尚，人们在花香中品茗保健的同时，也很有必要了解各种花的不同功用，以便"对症养花"。日常生活中进行自我保健，需要掌握各种花卉的主要功能。常用花卉的功能如下表。

名称	入药部位	性味	功能主治
辛夷花	花蕾	性温，味辛，无毒	祛风，通窍。主治头痛、鼻渊、鼻塞不通、牙痛
白兰花	叶、花	性温，味苦、辛	开胸散郁，除湿化浊，行气止咳。主治慢性支气管炎、咳嗽、中暑、头晕胸闷、前列腺炎、白带异常、狐臭
芍药花	根	性凉，味酸、苦	养血柔肝，敛阴收汗，缓中止痛。主治胸腹胁肋疼痛、泻痢腹痛、自汗盗汗、阴虚发热、月经不调、崩漏带下
牡丹	皮、花	性凉，味辛、苦	皮：清热，凉血，和血，消瘀。主治惊痫、鼻出血、便血、骨蒸劳热、经闭、痈疡、跌打损伤 花：调经活血。主治妇女月经不调、经行腹痛
紫薇花	花、叶、根	花性寒，味微酸；根、叶，性平，味微苦	活血，止血，解毒，消肿，利尿。主治咯血、呕血、便血、创伤出血、肝炎、痈肿、疮毒、牙痛、痢疾、湿疹
金莲花	全草	性凉，味辛	清热解毒。主治目赤肿痛、痈疽疮毒
秋海棠	根茎、叶、花	性凉，味酸、苦涩	活血散瘀，凉血止血，养血调经。主治跌打损伤、呕血、鼻出血、咯血、月经不调、崩漏、带下、痢疾、咽喉肿痛、无名肿毒
山茶花	花	性寒，味甘苦、辛	凉血止血，散瘀消肿。主治咯血、鼻出血、胃出血、血痢、血崩、肠风下血、痔疮出血、血淋、创伤出血、跌打损伤、烫伤
木芙蓉	花、根、叶	性平，味辛，无毒	清热解毒，消肿止痛，凉血止血，通经活血。主治痈肿、疔疮、烫伤、肺热咳嗽、呕血
月季花	花、叶、根	性温，味甘，无毒	活血，祛瘀，调经止痛，消肿解毒。主治月经不调、涩精止带、癥瘕
玫瑰花	花、根	性温，味甘、微苦	理气解郁，和血散瘀。主治胃气痛、呕血、痢疾、新久风痹、乳痈、肿毒、月经不调、赤白带下
蔷薇花	根	性平，味苦、微涩	止泻痢，除风热，清湿热，缩小便，止消渴，止痛。主治黄疸、痞块、无名肿毒、小儿遗尿

花草保健，经济又健康

现代生活中，人们受工作压力大、生活节奏快、药物毒副作用、环境污染等因素影响，身体大多数都处于亚健康状态。

想摆脱亚健康状态，有很多种方式，比如说均衡的饮食、适度的运动、充足的睡眠和平衡的心态等，还有许多人购买昂贵的保健品，以求获得更多的健康。其实，还有一种绿色又安全的方式，那就是花草保健。为什么大力提倡花草保健呢？原因有二，一是绿色天然，二是经济实惠。

首先，花卉是大自然赐予人类的最亲密的伙伴，在家里栽培几盆花草，可以净化空气，怡情养性，更是我们天然的保健品，而且，只要使用适当，完全没有任何副作用。例如，凌霄花、凤仙花、芍药花、杜鹃花、石榴花等，可用于活血散瘀；牡丹花、桃花、梅花、紫罗兰、柠檬花、茉莉花、山栀子、木芙蓉可用于疏肝解郁；木棉花、木槿花、木芙蓉花、金银花等，都可清热理气；而辛夷花、密蒙花、栀子花、绿梅花均有疏风散热之功效。

其次，花卉的价格和保健品的价格比较起来，简直可谓是非常廉价。由于保健品成本高，提取工艺复杂，再加上经销商所加的利润等因素，导致市场上的保健品价格都不低，是很多人可望而不可即的。但是如果直接用天然花草来养生保健的话，不仅价格低廉，而且效果并不差，现在花卉市场上的一般花卉（个别名贵品种除外）都在 15~200 元之间，如果自己买种子栽培，会更加经济实惠，只需几元钱就可以培育出茂盛的天然保健品。当然，还可以买小型盆栽，因为小型盆栽相对价格低些，回家细心栽培，定能开枝散叶、结果，为您所用。有很多花卉好养易活，培养方法正确的话，可以轻松繁殖下一代，一直种植下去，也就是说用几元或几十元就可以创造出无限的保健价值。这样看来，花草保健是非常经济实用的一种方法。

去污除尘，花草还您清新空气

　　花草的作用很多，在去污除尘、净化空气方面也并不逊色，是当之无愧的环保卫士。

　　花草也是有生命的，它在呼吸的时候，气孔打开，空气中有害物质便通过气孔向花草内部扩散，从而降低空气中有害物密度。而不少花卉因能吸收有害气体，有利于人体健康，而被称为"空气的净化器"。比如，家居装修产生的最严重的污染物甲醛，就可以通过吊兰等花草的叶子气孔，被吸收转化成有机酸、葡萄糖和氨基酸等物质。

　　不同花草对不同有害物质，有着显著的净化作用，比如说袖珍椰子可吸收空气中的苯、三氯乙烯和甲醛，还有一定的杀菌作用；菊花可以分解甲醛、氟化氢、甲苯和二甲苯，而且花色艳丽，有淡淡清香，可静心安神，缓解疲劳；米兰能吸收三氯乙烯、苯、氟化氢、苯酚、乙醚、二氧化硫等有害物质。

　　花卉还是"天然杀菌器"，据统计，有300多种鲜花散发的香气中，含有不同的杀菌素，这些杀菌素可以抑制或杀死某些微生物、病毒和病菌，比如说石竹花能抑制金黄色葡萄菌和大肠杆菌；天竺葵能抑制伤寒杆菌；紫薇的香味能杀死痢疾杆菌；紫苏能抑制感冒病毒；文竹能清除空气中的细菌和病毒，降低传染性疾病发生率，还能吸收二氧化硫等有害物质；紫罗兰能吸收氯气，有效杀菌等。

　　花卉还是"天然增湿器"，炎炎夏日，花卉为了保护植体不受高温的伤害，会从根部吸收水分后，通过叶面蒸腾水气，以降低自身的温度。花卉的这种蒸腾作用，能使其周围的环境变得湿润。据测定，一般在夏日，花卉会降温 $3\sim5℃$。

而且，空气中的污染物质和粉尘几乎都是带有正离子的，容易引发呼吸道疾病，诱发各种亚健康状态等。花草天然的光合作用和蒸腾作用，能通过气孔向外释放水分同时生成负离子，从而增加其周围空气的湿度和负离子含量。而花草产生的负离子则能与正离子发生反应，减少空气中正离子的含量，从而减少污染物质，对人的健康非常有益。

我们以金边虎尾兰为例。金边虎尾兰是一种可以使房间里的环境得到净化的观叶植物，被称作负离子制造机。经美国科学家们研究发现，金边虎尾兰能够吸收二氧化碳，且能够同时释放出氧气，增加房间内空气里的负离子浓度。如果房间内打开了电视机或电脑，那么有益于人体健康的负离子就会急速减少，而金边虎尾兰肉

质茎上的气孔在白天紧闭、夜间打开，可以释放出很多负离子。在一个面积为 15 平方米的房间里，放置 2 ~ 3 盆金边虎尾兰，就可以吸收房间内超过 80% 的有害气体。

我们对吊兰这一绿色植物比较熟悉，它有非常强的净化空气的能力，被誉为"绿色净化器"。它可以在新陈代谢过程中把甲醛转化为糖或者氨基酸等物质，也能分解由复印机、打印机排放出来的苯，还能吸收尼古丁。有关测试显示，在 24 小时之内，一盆吊兰在一个面积为 8 ~ 10 平方米的房间里便能将 80% 的有害物质杀灭，还能吸收 86% 的甲醛，真可以称得上是净化空气的能手！

绿宝石在植物学上的专门名称为绿宝石喜林芋，为多年生的常绿藤本植物。有关研究表明，通过它那微微张开的叶片气孔，绿宝石每小时就能吸收 4 ~ 6 微克对人体有害的气体，尤其对苯有着很强的吸收能力。另外，绿宝石还能吸收三氯乙烯及甲醛，这些气体被其吸收之后，会被转化为对人体没有危害的气体排出体外，因而使空气得到净化。

下列这些我们常见的绿色植物，也都有较强的净化空气的功能。在 24 小时照明的环境中，芦荟能吸收 1 立方米空气里所含有的 90% 的甲醛；在一个 8 ~ 10 平方米的室内，一盆常春藤可吸收 90% 的苯；在一个约 10 平方米大小的室内，一盆龙舌兰就能吸收 70% 的苯、50% 的甲醛及 24% 的三氯乙烯；月季可吸收较多的氯化氢、硫化氢、苯酚及乙醚等有害气体；白鹤芋则对氨气、丙酮、苯及甲醛皆有一定的吸收能力，可以说是过滤室内废气的强手。

植物能净化空气，令我们的生活不受污染的侵扰，是我们"绿色"家居环境的保护神。另外，若植物的摆放和家居环境能相互映衬、自然完美地结合在一起，还可令人心情愉快，利于身心健康，使我们的生活越来越美好。

花草外用急救箱，治病又疗伤

花草还可以外用，是您的外用急救箱。那么什么是花草外用呢？其实凡用花卉的花、枝、叶、果、仁、皮等各个部分，治疗人体肌表的病证及杀菌、灭虫、净化、消毒的作用，以达到防病治病目的的均称为外用。

下面介绍几种适合花草外用的典型症状。

（1）跌打损伤：主要指因跌扑、击打等造成的软组织损伤、外伤肿胀疼痛、皮肉破损出血，也包括刀刃伤等。常用外用花卉，如凤仙花茎捣烂外敷；鲜紫玉盘叶，加酒捣烂外敷；罗汉松皮，加适量黄酒捣烂外敷；八角莲根茎捣烂外敷；鲜石竹全草，酒炒，捣烂外敷；太阳花全草捣烂外敷等。

（2）疮毒痈肿：疮毒痈肿表现为皮肤疮毒，局部红肿，常用消炎止痛，解毒凉血作用的花卉外用。如紫鸭跖草、吊竹梅、野生鸭跖草，取鲜叶或全草加盐捣烂外敷患处。其他，如木芙蓉叶、花都可以捣烂外敷；太阳花捣烂外敷；半枝莲（垂盘草）捣烂外敷；仙人掌鲜品（去刺）捣烂外敷；鲜虎耳草捣烂外敷；鲜石竹全草捣烂外敷或水煎外洗。

（3）外伤出血：外伤皮肤，出血不止，常用收敛止血作用的花卉外用，如石榴皮和炭研细末一起炒制后外敷，有收敛止血的功效。其他，还可用木芙蓉花研末外敷；苏铁叶煅炭研末外敷；松花粉外撒亦可；或用一品红叶晒干，研细，外敷创口止血。

（4）烫伤：皮肤因火或开水烫伤，如果面积不大的时候，可用清热消肿作用的花卉外用，如鲜佛甲草全草捣烂，以淘米水调稀，涂于患处。其他，如仙人掌（去刺）适量，捣烂敷患处；或茶花适量研末，用香油调敷。

（5）咽喉肿痛：咽喉因感受风热出现疼痛，吞咽、说话困难，局部红肿，常用清热祛风，解毒消肿作用的花卉外用，如细叶榕树根，加适量醋，水煎，漱口；酸石榴1个，水煎，漱口；女贞子适量，水煎，漱口。

（6）急性腮腺炎：常表现为发热、畏寒、头痛、咽痛、食欲不佳、恶心、呕吐、全身疼痛等，数小时腮腺肿痛，逐渐明显等，常用清热解毒作用的花卉外用，如鲜仙人掌（去刺）加盐适量，捣烂外敷。其他，如木芙蓉叶研末用醋调成稀糊，频频涂之。

花草入佳肴，为健康加分

花卉绚丽多姿，高雅别致，芬芳馥郁，不仅给人以美的享受，而且鲜花富含人体不可缺少的多种营养成分。

现代营养学研究证明，花朵中含有大量的糖、无机盐和维生素、蛋白质、淀粉、酶类，还含有人体必需的铁、锌、镁、钾等微量元素，以及延缓人体组织衰老的生育酚，预防心脑血管疾病的芸香甙以及核酸和激素等，被称为"世界上最完美的食物"。可见花卉营养价值之高，简直是一个微型营养库。

由上可知，花卉具有很高的食疗和保健功效，如食用杭白菊可散热；食用玫瑰花可清热解渴，理气活血，益人气色，驻人颜容；食用芙蓉花可治疗疮痈肿痛；食用月季花可消肿；食用菊花、紫罗兰和南瓜科的植物，对脑部发育有极大的帮助等。

很多花卉都可以窨制花茶，如茉莉花、梅花、荷花、代代花、白兰花等。这些花茶既有茶叶之美味，又有鲜花之香味；既有一定的医疗保健作用，又可以调节人的精神，令人神清气爽，因此深受人们喜爱。有些花卉可以直接摘取嫩叶，冲入沸水饮用，方法简单，还有一定的保健功效。

花卉不仅可以窨茶，还可以入佳肴。那花卉要怎么吃才能又营养又好吃呢？花卉可以直接作为一般蔬菜用，可以研成粉做成粥，还可以凉拌生吃，十分香甜可口，色、香、味、形、营养俱佳。还可以把花朵加入沙拉或汉堡包内，然后一同进食；或把花朵加入鸡蛋和面粉浆水搅拌，然后再煎炸进食。而且应季食用花卉，不仅可以享受美食，还可以达到养生保健的目的。例如，盛夏，把荷花晒干研末，加米熬煮食用，有消暑补气、解渴生津的功效。仲秋，把菊花蒂晾干，煮粥，粥味清香，有清火明目、养肝、利尿的作用，对慢性咽炎、尿频、小便短赤等有效。冬末春初，用蜡梅熬粥，可养胃化食，生津养阴，治疗咽炎、神经官能症疗效显著。

凉拌黄花菜

花香可疗疾，让您心旷神怡

　　花朵本身具有浓郁的香气，亲近花朵能够感受到花朵的清雅气息，使人心旷神怡，有助于放松精神，具有舒缓疲劳与净化心灵的作用。

　　花卉能分泌出多种芳香物质，如柠檬油、百里香油、肉桂油等，其内含有各种醇、醛、酮等化学物质，它们具有杀菌、调节中枢神经的功能和抵抗微生物侵害的作用。花香能刺激大脑的神经细胞，调节全身新陈代谢，达到生理和心理功能的平衡。当花香味由嗅觉神经传导到大脑的杏仁核、海马体及扣带回等部位时，人体便产生对花香的嗅觉，并通过调节人的神经功能舒缓神经紧张，使人低落的情绪得到缓解，振奋精神。另外，香味分子被呼吸道黏膜吸收后，还能促进人体免疫球蛋白分子增加，提高人体的抵抗力。

　　不同品种的花卉含的气化芳香油不同，所以还有着不同的功能，如丁香花含有丁香油酚、齐墩果酸等，可帮助牙痛病人止痛安神，并具有祛风、散寒、理气、醒脑作用；天竺花的芳香能镇静安神，消除疲劳，使人思维活跃、清晰；茉莉花的清香，可以使人感到心情舒畅，理气解郁，放置在办公室中可以提高工作效率；玫瑰花的香味不仅可以使人愉悦，还可以宽胸活血；桂花含有大量芳香物质，能化痰、止咳、平喘，并有解郁的作用，可使人舒心畅志；栀子花的香味可以清肝利胆，有利于肝胆疾病的康复；佛手花、米兰花的芳香能醒酒；玫瑰花、茉莉花含有香茅醇、芳樟醇等，咽喉痛、扁桃体炎的病人闻后有舒适感，对病情好转亦有裨益；迷迭香的芬芳，能减轻气喘患者的症状；薰衣草花香，可治疗神经性心跳过速等；夜来香浓郁的香味能驱蚊，防止疟疾等。

　　据研究人员统计，有15种花卉的香味对治疗心血管病、气喘病、高血压、神经衰弱等有较好的疗效。此外，花香还可以对抗有害气体，清新空气，吸尘，降低温度及减弱噪声等作用。

花美可开颜，让您疲劳顿消

鲜花千姿百态、美艳绝伦。当你在劳累之余，漫步在绿草花丛之中，看到如花似蝶，如杯似盏，形态各异的花朵时，顿时会有神清气爽的感觉。清代名医吴尚先认为"香花解闷有胜于服药者"，这一见解的正确性，也得到了现代心理学认可。花卉给人的第一印象，是它鲜艳而变幻的颜色。其实，不同花色对人的情绪有着不同的影响，红色热情似火，可以让人产生热烈、活泼的情绪，凡肾阳不足，阳痿早泄，脾阳虚衰，大便不爽及四肢不温，畏寒怕冷，或心胸不畅，唇舌发绀者，宜用红色花卉来增添环境的温热感，达到助阳、活血、温经、散寒的目的。黄色可使人产生热烈、跃动、欢乐的情绪，能促进血液循环，增进食欲。蓝色可镇静安神，缓解紧张，所以欣赏蓝色花卉可作为高血压、失眠患者的辅助疗法。

白、紫、绿、红、蓝等各种不同色彩的花卉，以及这些色彩复合的花卉，具有不同的功效。根据它们的特殊功效，一些医院病室、疗养院、敬老院及一切医疗机构皆可按需选用。在宾馆、酒店、娱乐场所亦可根据不同人群的需求，如男、女之别，老、少、青年之分及不同职业人群来选择相应色彩的花卉，布置、装饰室内环境。因此，利用色彩疗病的方式对人们的身心健康有保健作用。

此外，花卉及盆景千姿百态，各具风采，吊兰叶腋中抽生出的匍匐茎，长可尺许，既刚且柔；茎顶端簇生的叶片，由盆沿向外下垂，随风飘动，形似展翅跳跃的仙鹤。荷花临水照影，亭亭玉立，婀娜优雅。秋风来临，菊花随风舞剑，把一缕缕秋思挥洒在淡蓝的晚风里。桂花经冬不凋，叶大浓绿，金黄色的小花虽无绚丽色彩，但潇洒不俗，芳香高雅。石竹花花大如钱，花梢小儿妩媚，枝叶青翠，花形奇特，一片片石竹，给人一场视觉盛宴。

花美可开颜，养盆好花伴身边，日日与花相对，感受花的美妙绝伦，烦恼自然少，健康自然来。

养花雅事，怡心增寿

花香宜人，赏花益康。我国民间也早就流传着许多关于养花保健的谚语。如"赏花乃雅事，悦目又增寿""养花种草，不急不恼，有动有静，不生杂病""种花长福，赏花长寿，爱花养性""常在花间走，能活九十九"等，都说明了以花为伴的人容易获得健康长寿。

种花养草，让心在花海里徜徉，花的色、香、姿、韵使人静心平气，即所谓"看花解郁"。与花做伴，心旷神怡，心烦意乱之时，若能见到鲜花怒放，肯定能让你一下子平静下来；静坐于花草丛中，静观花的姿、色，闻花的芬芳，体味花的风韵，给自己的心灵放个假，心宽自然寿长。

人要长寿，生活的质量显得更为重要，其中环境的美化、绿化是不可缺失的重要标志。我国和世界各国有许多"长寿之乡"，这些地方也多是山清水秀、百花盛开的地域。花卉是我们健康的伴侣，养花能促人健康长寿，因为花的色、香、姿、韵能调节我们的精神。花卉不但给人美的享受，而且还会带来健康。所谓"赏花怡神"，如果久卧病床的人能欣赏到繁盛的花草，定能让他们立刻精神振奋，病去一半。

研究发现，经常从事园艺劳动的人较少得癌症，这是由于花草树木生长的地方，空气清新，负离子积累也多，吸进这些负离子，使人体获得了充足的氧气，具有强身健体的作用；经常醉心于种植、培土、灌水、收获，易忘却其他不愉快的事，从而调节了机体神经系统功能，为防癌与癌症的自愈，提供了有利的条件。

而且，每天给花卉除草、翻土、浇水、剪枝、施肥及搬动花盆，搭建荫棚，采集花果等都是轻度的劳动，尤其适合老年人，可不出家门每日进行活动，使肢体筋骨得到锻炼，气血就会流通，从而达到延年益寿的作用。

以花为伴寿自长。长年置身于花的世界，使人的修养清幽高洁，使人感到温馨缠绵。花朵丰富的色调，从视觉给人以纯洁、高雅、愉悦的感受。错落变化的花枝，给人一种视觉空间的活泼美感。幽幽花香，更能改善环境，调节身体功能，有益于身心健康长寿。老年人在离退休之后，栽培花卉，既有益心于健身，又可陶情养性，增添生活乐趣。

针对特殊人群选择花草

处于特殊生理期的孕妇

妇女在怀孕之后，不仅应该保证自己的身体健康，还应当关注胎儿的健康，这就需要孕妇对许多事情皆应多加留心。家里栽植或摆放一些花卉，尽管可以美化环境、陶冶情操，但某些花卉也会威胁人体的健康，特别是孕妇在接触某些植物后所产生的生理反应会比一般人更突出、更强烈。所以，孕妇在选用房间内摆设的花卉时必须格外留意，避免因选错了花草而影响自己和胎儿的身心健康。

1. 孕妇室内不宜摆放的花草

（1）松柏类花木（含玉丁香、接骨木等）。这类花木所散发出来的香气会刺激人体的肠胃，影响人的食欲，同时也会令孕妇心情烦乱、恶心、呕吐、头昏、眼花。

（2）洋绣球花、天竺葵等。这类花的微粒接触到孕妇的皮肤会造成皮肤过敏，进而诱发瘙痒症。

（3）夜来香。它在夜间停止光合作用，排出大量废气，而孕妇新陈代谢旺盛，需要有充分的氧气供应。同时，夜来香还会在夜间散发出很多刺激嗅觉的微粒，孕妇过多吸入这种颗粒会产生心情烦闷、头昏眼花的症状。

（4）玉丁香、月季花。这类花散发出来的气味会使人气喘烦闷。如果孕妇闻到这种气味导致情绪低落，会影响胎儿的性格发育。

（5）紫荆花。它散发出来的花粉会引发哮喘症，也会诱发或者加重咳嗽的症状。孕妇应尽量避免接触这类花草。

（6）兰花、百合花。这两种花的香味过于浓烈，会令人异常兴奋，从而使人难以入眠。如果孕妇的睡眠质量难以得到保障，其情绪会波动起伏，从而使身体内环境紊乱、各种激素分泌失衡，不利于胎儿的生长发育。

（7）黄杜鹃。它的植株及花朵里都含有毒素，万一不慎误食，轻的会造成中毒，重的则会导致休克，严重危及孕妇的健康。

（8）郁金香、含羞草。这一类植物内含有一种毒碱，如果长期接触，会导致人体毛发脱落、眉毛稀疏。在孕妇室内摆放这种花草，不但会危及孕妇自身的健康，还会对胎儿的发育造成不良影响。

（9）夹竹桃。这种植物会分泌出一种乳白色的有毒汁液，若孕妇长期接触会导致中毒，表现为昏昏沉沉、嗜睡、智力降低等。

（10）五色梅。其花和叶均有毒，不适宜摆放在体质较敏感的孕妇室内，若不慎误食则会出现腹泻、发热等症状。

（11）水仙。接触到其叶片及花的汁液会令皮肤红肿，若孕妇不小心误食其鳞茎则会导致肠炎、呕吐。

（12）万年青。其花、叶皆含有草酸及有毒的酶类，若孕妇不慎误食，则会使口腔、咽喉、食道、肠胃发生肿痛，严重时还会损伤声带，使人的声音变得嘶哑。

（13）仙人掌类植物。这类植物的刺里含有毒汁，如果孕妇被其刺到，则容易出现一些过敏症状，如皮肤红肿、疼痛、瘙痒等。

2. 孕妇室内适宜摆放的花草

（1）吊兰。它形姿似兰，终年常绿，使人观之心情愉悦。同时，吊兰还有很强的吸污能力，它可以通过叶片将房间里家用电器、塑料制品及涂料等所释放出来的一氧化碳、过氧化氮等有害气体吸收进去并输送至根部，然后再利用土壤中的微生物将其分解为无害物质，最后把它们作为养料吸收进植物体内。吊兰在新陈代谢过程中，还可以把空气中致癌的甲醛转化成糖及氨基酸等物质，同时还能将某些电器所排出的苯分解掉，并能吸收香烟中的尼古丁等。在孕妇室内摆放一盆吊兰，既可以美化环境，又可以净化空气，可谓一举两得。

（2）绿萝。它能消除房间内 70% 的有害气体，还可以吸收装潢后残余下的气味，适合摆放在孕妇室内。

（3）常春藤。凭借其叶片上微小的气孔，常春藤可以吸收空气中的有害物质，同时将其转化成没有危害的糖分和氨基酸。另外，它还可以强效抑制香烟的致癌物质，为孕妇提供清新的空气。

（4）白鹤芋。它可以有效除去房间里的氨气、丙酮、甲醛、苯及三氯乙烯。其较高的蒸腾速度使室内空气保持一定的湿度，可避免孕妇鼻黏膜干燥，在很大程度上降低了孕妇生病的概率。

（5）菊花、雏菊、万寿菊及金橘等。这类植物能有效地吸收居室内的家电、塑料制品等释放出来的有害气体，适合摆放在孕妇室内。

（6）虎尾兰、龟背竹、一叶兰等。这些植物吸收室内甲醛的功能都非常强，能为孕妇提供较安全的呼吸环境。

体质逐渐衰弱的老人

众所周知，种养花草不仅能使环境变得更加优美、空气变得更加新鲜，还能让人们的心情变得轻松舒服，性情得到培养。尤其是对老年人来说，在房间里栽植或摆设一些适宜的花草，除了能够调养身体和心性之外，有些甚至还能预防疾病，在保持精神愉悦及身心健康方面皆有很好的功用。但同时，也有一部分花卉是不适合老年人栽植或培养的，应当多加留心。

1. 老人室内不宜摆放的花草

（1）夜来香。它夜间会散发出很多微粒，刺激嗅觉，长期生活在这样的环境中会使老人头昏眼花、身体不适，情况严重时还会加重患有高血压和心脏病者的病情。

（2）玉丁香、月季花。这两种花卉所散发出来的气味易使老人感到胸闷气喘、心情不快。

（3）百合花、兰花。这类花具有浓烈香味，也不适宜老人栽植。

（4）郁金香、水仙花、石蒜、一品红、夹竹桃、黄杜鹃、光棍树、万年青、虎刺梅、五色梅、含羞草及仙人掌类。对于这些有毒的植物，老人不宜栽植。

2. 老人室内适宜摆放的花草

（1）人参。气虚体弱、有慢性病的老人可以栽种人参。人参在春、夏、秋三个季节都可观赏。春天，人参会生出柔嫩的新芽；夏天，它会开满白绿色的美丽花朵；秋天，它绿色的叶子衬托着一颗颗红果，让人见了更加神清气爽、心情愉快。此外，人参的根、叶、花和种子都能入药，具有强身健体、调养功能的奇特功效。

（2）五色椒。它色彩亮丽，观赏性强。其根、果及茎皆有药性，适合有风湿病或脾胃虚寒的老人栽种。

（3）金银花、小菊花。有高血压或小便不畅的老人可以栽种金银花和小菊花。用这两种花卉的花朵填塞香枕或冲泡饮用，能起到消热化毒、降压清脑、平肝明目的作用。

（4）康乃馨。康乃馨所散发出来的香味能唤醒老年人对孩童时代纯朴的、快乐的记忆，具有"返老还童"的功效。

体质虚弱敏感的病人

病人是格外需要我们关注的一个群体，我们应当尽力给他们营造出一个温暖、舒心、宁静、优美的生活环境。除了要使房间里的空气保持流通并有充足的光照外，还可适当摆放一些花卉，以陶冶病人的性情、提高治病的疗效，对病人的身心健康都十分有益。然而，尽管许多花卉能净化空气、益于健康，可是一些花卉如果栽种在家里，却会成为导致疾病的源头，或造成病人旧病复发甚至加重。因此，病人在栽植或摆放花卉的时候就更需要特别留意了。

1. 病人室内不宜摆放的花草

（1）夜来香、兰花、百合花、丁香、五色梅、天竺葵、接骨木等。这些气味浓烈或特别的花卉最好不要长期摆放在病人房间里，否则其气味易危害到病人的健康。

（2）水仙花、米兰、兰花、月季、金橘等。这类花卉气味芬芳，会向空气中传播细小的粉质，不适宜送给呼吸科、五官科、皮肤科、烧伤科、妇产科及进行器官移植的病人。

（3）郁金香、一品红、黄杜鹃、夹竹桃、马蹄莲、万年青、含羞草、紫荆花、虞美人、仙人掌等。这类花草自身含有毒性汁液，不适合摆放在免疫力低下病人的房间。

（4）盆栽花。病人室内不适宜摆放盆栽花，因为花盆里的泥土中易产生真菌孢子。真菌孢子扩散到空气里后，易造成人体表面或深部的感染，还有可能进入到人的皮肤、呼吸道、外耳道、脑膜和大脑等部位，这会给原来便有病、体质欠佳的患者带来非常大的伤害，尤其是对白血病患者及器官移植者来说，其伤害性更加严重。

2. 病人室内适宜摆放的花草

（1）不开花的常绿植物。过敏体质的病人和体质较差的病人以种养一些不开花的常绿植物为宜。这样可以避免因花粉传播导致病人过敏反应。

（2）文竹、龟背竹、菊花、秋海棠、蒲葵、鱼尾葵等。这类花草不含毒性，不会散发浓烈的香气，比较适宜在病人的房间里栽植或摆放。

（3）有些花草不仅美观，而且还是很好的中草药，因此病人可以针对不同病症来选择栽植或摆放。比如，白菊花具有平肝明目的作用；黄菊花具有散风清热的作用，可以治疗感冒、风热、头痛、目赤等症；丁香花对牙痛具有镇静止痛的作用；薄荷、紫苏等花散发出来的香味能有效抑制病毒性感冒的复发，还能减轻头昏头痛、鼻塞流涕等症状。

值得注意的是，由于绿色植物除进行光合作用之外，还会进行呼吸作用，因此若室内植物太多也会造成二氧化碳超标。所以，病人或体质虚弱的人的房间里的植物最好不要多于三盆。

通过花草监测家居环境

我们知道，室内环境污染对人体健康危害巨大，我们应努力发现污染，减少、减轻、消除污染。然而，该怎样检测家居环境呢？怎样减轻或除去室内环境污染以及其对人体的损伤呢？

近些年来，伴随着环境科学的进步，人们接连发现某些植物能对环境污染起到"监测报警"及"净化空气"的有效作用。这个发现，对保护环境和维护人们健康都具有非常重大的意义，健康花草已经成为优化家居环境的"卫士"。

因为植物会对污染物质产生很多反应，而有些植物对某种污染物质的反应又较为灵敏，可出现特殊的改变，因此人们便通过植物的这一灵敏性来对环境中某些污染物质的存在及浓度进行监视检测。你只需在你的房间内栽植或摆放这类花草，它们便可协助你对居室环境空气中的众多成分进行监测。尚若房间内有"毒"，它们便可马上"报警"，让你尽快发现。

二氧化碳

二氧化碳是一种主要来自化石燃料燃烧的温室气体，是对大气危害最大的污染物质之一。下列花草对二氧化碳的反应都比较灵敏：牵牛花、美人蕉、紫菀、秋海棠、矢车菊、彩叶草、非洲菊、三色堇及百日草等。在二氧化碳超出标准的环境中，如其浓度为1ppm（浓度单位，1ppm是百万分之一）经过1个小时后，或者浓度为300ppb（浓度单位，1ppb是十亿分之一）经过8个小时后，上述花草便会出现急性症状，表现为叶片呈现出暗绿色水渍状斑点，干后变为灰白色，叶脉间出现形状不一的斑点，绿色褪去，变为黄色。

含氮化合物

除了二氧化碳之外，含氮化合物也是空气中的一种主要污染物。它包含两类，一类是氮的氧化物，比如二氧化氮、一氧化氮等；另一类则是过氧化酰基硝酸酯。

矮牵牛、杜鹃、扶桑等花草对二氧化氮的反应都比较灵敏。在二氧化氮超出标准的环境中，如其浓度为2.5～6ppm经过2个小时后，或者浓度为2.5ppm经过4个小时后，上述花草就会出现相应症状，表现为中部叶片的叶脉间呈现出白色或褐色的形状不一的斑点，且叶片会提前凋落。

凤仙草、矮牵牛、香石竹、蔷薇、报春花、小苍兰、大丽花、一品红及金鱼草等对过氧化酰基硝酸酯的反应都比较灵敏。在过氧化酰基硝酸酯超出标准的环境中，如其浓度为 100ppb 经过 2 个小时后，或者浓度为 10ppb 经过 6 个小时后，上述花草便会出现相应症状，表现为幼叶背面呈现古铜色，就像上了釉似的，叶生长得不正常，朝下方弯曲，上部叶片的尖端干枯而死，枯死的地方为白色或黄褐色，用显微镜仔细察看时，能看见接近气室的叶肉细胞中的原生质已经皱缩了。

臭氧

大气里的另外一种主要污染物臭氧，是碳氢化合物急速燃烧的时候产生的。下列花草对臭氧的反应都比较灵敏：矮牵牛、秋海棠、香石竹、小苍兰、董舌紫菀等。在臭氧超出标准的环境中，如果其浓度为 1ppm 经过 2 个小时，或者浓度为 30ppb 经过 4 个小时后，上述花草就会出现以下症状：叶片表面呈蜡状，有坏死的斑点，干后变成白色或褐色，叶片出现红、紫、黑、褐等颜色变化，并提前凋落。

氟化氢

氟化氢对植物有着较大的毒性，美人蕉、仙客来、萱草、唐菖蒲、鸢尾、杜鹃及枫叶等花草对其反应最为灵敏。当氟化氢的浓度为 3 ~ 4ppb 经过 1 个小时，或者浓度为 0.1ppb 经过 5 周后，上述花草的叶的尖端就会变焦，然后叶的边缘部分会枯死，叶片凋落、褪绿，部分变为褐色或黄褐色。

氯气

能监测氯气的花草有秋海棠、百日草、蔷薇及枫叶等。在氯气超出标准的环境中，若其浓度为 100 ~ 800ppb 经过 4 个小时，或者浓度为 100ppb 经过 2 个小时后，这些花草就会产生同二氧化氮和过氧化酰基硝酸酯中毒相似的症状，即叶脉间呈现白色或黄褐色斑点，叶片迅速凋落。

第二章

花能治病，草能医症

　　在我国民间，很早就流传有"花中自有健身药""养花雅事，怡心增寿"的谚语。可见，花卉不仅给我们以美的享受、美的启迪，更在养生保健方面起着越来越重要的作用。我国自古以来，就有以花养生、以花疗疾、以花驻颜的生活习俗。这种习俗一直延续到今日，并越来越受现代人的欢迎，而且应用更为广泛，可入药，入馔，还可外用。

感冒了，花草来帮忙

辛夷花

——清新雅致的通鼻能手

辛夷花又称木笔花、望春花、玉兰花，野生较少，在山东、四川、江西、湖北、云南、陕西南部、河南等地广泛栽培，为木兰科落叶灌木植物辛夷的花蕾。

辛夷花的名字跟它的花朵一样美，但是可别小看了辛夷花，除了较高的观赏价值之外，它还有一定的药用价值。以其花蕾入药，具有祛风通窍、除臭香身的功效，能发散风寒，宣通鼻窍，适用于外感风寒，肺窍郁闭，恶寒发热，头痛鼻塞者。药用辛夷花一般在春季采集未开放的花蕾，然后除去杂质，晒干使用。

辛夷花可配伍防风、白芷、细辛等发散风寒药。偏风热者，多与薄荷、连翘、黄芩等疏风热、清肺热药同用；若肺胃郁热发为鼻疮者，可与黄连、连翘、野菊花等清热泻火解毒药配伍。风热感冒而流鼻涕者，可在薄荷、金银花、菊花等疏散风热药中，稍稍加点此花，就可以增强通鼻窍、散风邪的力度。

在中医学上，辛夷花是治疗鼻病的好手。用其治疗急性或慢性鼻炎、过敏性鼻炎、肥厚性鼻炎、鼻窦炎、副鼻窦炎等病，都有很好的效果。在治疗鼻病的时候，辛夷花一个花的力量是不够的，还需要与其他药物配伍。比如说治疗副鼻窦炎，要将辛夷花与儿茶、乳香、冰片等混合起来，研成细末，用甘油调成

糊状并浸透棉球，塞入鼻腔，这个方法相对无刺激；如果治急性鼻炎和过敏性鼻炎，可将辛夷花、苍耳子、千里光、鱼腥草各等量浓煎，加薄荷精油及防腐剂配制滴鼻剂，用其滴鼻，要比成品药的疗效好，而且相对安全些。正被鼻炎疾病困扰的人，不妨试试这些纯天然的方法，一定能帮你治疗疾病，让你神清气爽。

辛夷花营养丰富，有较高的食用价值，可以泡茶、煮粥、熬汤等，为您推荐一款辅助治疗视力减退的食疗方 ——辛夷玉米珍珠汤：在沸水锅内放入玉米

辛夷花

粒 120 克，珍珠粉 80 克，蜜枣 2 枚，煮 3 小时后加入由纱布袋包好的辛夷花 12 克，放入适量细盐，稍煮一会儿，去掉辛夷花即可食用。此汤可以排毒养颜、消暑止渴、降压减肥，治疗视力减退。

除了对视力正在减弱的人群恢复视力有效外，辛夷花还可以用来防治风寒感冒和鼻病。下面介绍一款对鼻塞造成的头痛有疗效的辛夷粥。

做法：取辛夷花 2 朵，洗净切丝；将 100 克粳米煮熟，加入辛夷花续煮 1~2 沸，即可食用。

刚刚开放的花朵的气味有消痰、益肺和气的功效，如果家里养一盆辛夷花，不仅可以享受花香带来的健康，还可以随手摘一些辛夷花来泡茶，或放在食物里制成美食，都有美容养颜的功效，是女性不可多得的美容花。辛夷花不仅可以药用，它的气味馨香，还能制作香料。

辛夷花粥

市面上含有辛夷花香味的香料也比较受欢迎。

养花必知

辛夷花是我国著名的早春花开，已有 2500 多年的栽培历史，其花朵大而艳，端庄典雅，是花中的大家闺秀。一般在庭院种植，春天来了，便会有丝丝芳香入门，让你感觉到浓浓的春意。

辛夷花喜阳光充足环境；喜温暖气候，生长适温为 15~25℃，稍耐寒，在 –15℃时，能露地越冬。对土壤要求不高，以土层深厚、疏松肥沃的砂质土壤栽培较好，生长期土壤干时适当浇水就可以了，一般不需要施肥，常用分株、嫁接方法进行繁殖。

药用小偏方

◎**祛风寒、通鼻窍、感冒头痛：**
辛夷花、苏叶各 9 克，沸水冲泡，每日 1 剂。

◎**牙龈腐烂：**
取辛夷花 50 克，蛇床子 100 克，青盐 25 克，共为末掺之。

◎**鼻炎鼻窦炎：**
辛夷花 15 克，搅拌鸡蛋 3 个，一起煮，吃蛋饮汤。

◎**肥大性鼻炎：**
将适量辛夷花捣烂，用纱布包好，填到鼻腔里。

百合花

——润肺止咳，清心安神

百合有很多美称，如强瞿、番韭、山丹、倒仙，原产地为日本、中国台湾，为百合科百合属多年生草本球根植物。

百合花花色因品种不同而色彩多样，多为黄色、白色、粉红、橙红，有的带有紫色或黑色斑点，也有一朵花有多种颜色的，极其美丽。它的花朵横向，姿态异常优美，不时喷发出隐隐幽香，素有"云裳仙子"之称。花瓣有平展的，有向外翻卷的，故有"卷丹"美名。有的花味浓香，故有"麝香百合"之称。花落结那种长椭圆形蒴果，花期在3~6月。

百合的主要应用价值在于观赏，有些品种可作为蔬菜食用和药用，食之具有一股特殊的清香味。百合药用首载于《神农本草经》："百合治邪气腹胀心痛，利大小便，补中益气。"中医认为百合具有润肺止咳、清心安神、补中益气的功效，对治疗感冒很有疗效，还能治肺痨久咳、咳嗽痰血、虚烦、惊悸、神志恍惚、脚气、浮肿等症。百合一般在6~8月采花，秋冬采挖鳞茎，鲜用或晒干、焙干备用。

如果家里感冒的人有咳嗽、气喘等症状，可以食用百合。如百合花梨汤，取百合花10克，洗净，清水泡一夜，次日倒入砂锅内煮至熟烂，然后加入切块

的雪梨和冰糖适量，续煮30分钟，即可饮用。这款汤甘甜爽口，可治疗肺虚久咳。

不少女性步入更年期之后，会出现心悸、乏力、情绪不稳定、抑郁、易激动等问题。中医认为，更年期综合征是因为女性到50岁左右时肾气渐衰，体内阴阳失衡导致。《本草求真》中记载："百合功有利于肺心，而能敛气养心，安神定魂。"这里推荐一款治疗更年期综合征的百合红枣粥。做法是：取鲜百合10

百合花

克，粳米 100 克，红枣 5 颗。将三种食材分别洗净；砂锅内加入粳米和适量清水，煮至粥熟；加入百合续煮片刻即可食用。此粥可以调整阴阳，稳定心神，减少不适症状的出现。

百合花还是一剂滋补良药，百合花味如山药，除含淀粉、蛋白质、脂肪、钙、磷、铁、维生素 B_1、维生素 B_2、维生素 C、胡萝卜素等营养素外，还含有一些特殊的营养成分，如秋水仙碱等多种生物碱。这些营养成分作用于人体，不仅具有良好的滋补效用，对虚弱、慢性支气管炎、结核病、神经官能症等患者有很大的帮助。而且对多种癌症都有一定的疗效，是一种天然的抗肿瘤药。

需要注意的是，百合虽然是滋补佳品，但因其甘寒质润，凡风寒咳嗽、大便溏泄、脾胃虚弱、寒湿久滞、肾阳衰退者均忌用。

百合红枣粥

药用小偏方

◎ **哮喘、咳嗽：**
鲜百合 60 克，捣烂取汁，用温水送服。

◎ **神经衰弱、失眠：**
百合 15 克，知母 6 克，水煎服。

◎ **哮喘：**
百合 500 克，枸杞 120 克，研成细末，以蜂蜜调为丸，开水送服。

◎ **牙痛、耳痛：**
干百合适量，研成细末，温开水送服。

◎ **慢性胃炎：**
百合 30 克，乌药 9 克，水煎服。

养花必知

百合花喜欢什么样的生长环境呢？百合花喜阳光充足、稍阴凉的环境，较耐寒冷，忌高温，生长适温为 15~25℃；盆栽时土壤要选择肥沃、疏松和排水良好的沙质土。日常管理时，要每周浇一次水，花蕾出现期不可缺水，也不要积水，积水易导致鳞茎腐烂；生长期要施 2~3 次稀薄液肥。如需繁殖可进行鳞茎繁殖，一般在秋天进行，挖出地下部分的小鳞茎分栽即可。

百合端庄淡雅，植株挺立，叶似翠竹，沿茎轮生，花朵状如喇叭，香气浓郁，最适宜放在客厅或窗台，使人们欣赏起来不禁引发出"夜深香满屋，疑是酒醒时"的感觉，给人带来一种好心情。

款冬花
——咳嗽的克星

款冬花又称冬花、蜂斗菜、面冬花、看灯花、九九花等，原产我国、朝鲜，为菊科款冬属多年生草本植物。

款冬花不仅有美丽的外表，而且还有较高的药用价值，其花蕾入药，有镇咳下气、润肺祛痰的功能。主治咳嗽、气喘、支气管炎、肺结核等症。款冬花茶有养阴生津、润肺止咳的功效，尤其是对感冒引起的咳嗽很有效果。款冬花 2 月采摘花蕾，鲜用或阴干或蜜炙备用。

神奇的款冬花有治疗哮喘的作用。支气管哮喘是让很多人困扰的疾病，患者通常会伴有长期咳嗽、咯痰、明显的喘息等。此病在寒冷的季节发病率很高，常常在夜晚或清晨发作，有一定的危险性。

《本草纲目》中记载："春时人采（款冬花）以代蔬。"可见款冬花的食用价值自古就被人们所利用，而泡茶、熬汤是最常用的方法。款冬花可以说是治疗哮喘的专家，百合款冬花饮就是比较有名的药膳，做法就是把百合、款冬花、大枣与冰糖一起制成糖水，晚饭后食用最佳。本品对治疗婴儿慢性支气管炎、支气管哮喘等也有很好的疗效。

款冬花治疗干咳效果也比较显著。人一到冬天，往往干咳就会变得很严重。

因为冬天天气以干燥为主，这样很容易导致肺部燥热，进而诱发干咳，往往伴随着皮肤干、唇干、鼻干、咽干等症状，而且往往被人们认为是冬天的正常现象。其实久咳会导致大病，那么有没有治愈干咳的良药呢？那么就请款冬花来帮忙吧，《圣惠方》中记载了这样一个方子：取紫菀 150 克，款冬花 150 克，混合捣散，每次服用 15 克。另外，款冬花也可以和生姜加水，煎煮，去滓温服，每日服 3~4 次，对治疗久咳不愈疗效显著。

款冬花

如果感冒了，很有可能引发咳嗽等症状，此时款冬花就可以派上用场了，可以随时摘下款冬花泡茶，这是最简单和易操作的方法。取9克左右的款冬花，为了调一调味，可以放入适量白糖，然后用沸水冲泡，盖上盖子闷10分钟，就可以饮用了。

气管炎是一种常见的疾病，它的主要症状就是长期咳嗽、咯痰或伴有喘息的现象。而款冬花就有治疗气管炎和痰多咳嗽的良好功效，它特别适合和银耳搭配做成汤辅助治疗疾病，如取适量款冬花、银耳、雪梨、冰糖，加水一起炖10分钟即可饮用。此汤可以止咳、祛痰、解除支气管痉挛等，尤其可以应对急慢性支气管炎引起的咳嗽痰喘。款冬花不

款冬花茶

仅在寒冷冬季傲然绽放，还能轻松为我们的健康加分。

 养花必知

款冬花一般生长在山坡等处，也可以家庭栽培，盆栽可以放在庭院、阳台、窗台。花开时节，一朵朵小黄花争相怒放，不仅有很高的观赏价值，而且还可以随时采来作为药材，既美观又方便。

款冬花比较好养，适应能力强，喜阳光充足的环境；喜温暖，生长适温为15~25℃；以疏松肥沃的沙壤土为宜；生长期浇水保持不干不浇的原则，春季干旱应该多浇水；喜肥，播种时要施足底肥，生长期每一个月施一次稀薄液肥即可；一般于春季用播种繁殖。

药用小偏方

◎**肺炎：**
款冬花10克，白薇花15克，研成细末，温开水送服。

◎**风寒咳嗽：**
款冬花15克，紫苏叶10克，水煎服。

◎**支气管炎：**
款冬花、紫苑各30克，共研为细末，生姜3片煎汤送服。

◎**肺痈：**
款冬花、桔梗花各15克，生苡仁30克，甘草10克，鱼腥草20克，水煎服。

◎**瘿病：**
款冬花、素馨花、法半夏、竹茹、枳实各9克，柚花、玫瑰花各6克，茯苓12克，水煎服。

灵芝

——清血管护心脏

灵芝又称灵芝草、神芝、芝草、仙草、瑞草，原产于亚洲东部，我国分布最广的地区在江西，为多孔菌科植物赤芝或紫芝的全株。

灵芝含有多糖、多肽等，是最佳的免疫功能调节剂和激活剂，它可显著提高机体的免疫功能，有着明显的延缓衰老的功效，能促进和调整免疫功能。尤其对于中年人和老年人而言，这种促进和调整可明显延缓衰老。对于处于生长发育阶段的少年儿童而言，则可促进其免疫功能的完善，增强抗病能力，确保其健康成长。

而灵芝为什么能延缓衰老呢？研究表明，灵芝能促使血清、肝脏和骨髓的核酸及蛋白质的生物合成，因此可以有效地抗病防衰老，不仅对老年人有益，对各年龄阶段的人士都适用，因为生长发育的过程，也就是走向衰老的过程。

灵芝就是保肝解毒的圣品。如果你出现厌油腻、食欲不振、恶心呕吐、腹胀腹泻、消化不良等一系列的消化道异常症状，那可能提示你的肝脏出了问题，因为肝脏是人体消化系统的重要组成部分，肝脏还具有藏血生血、萌发元气的功能，当肝功能异常时，人体可能会出现贫血、牙龈出血、鼻出血，易出血且不易止血，患者还有消瘦、身体乏力等异常症状。

无论在肝脏损害发生前还是发生后，服用灵芝都可保护肝脏，减轻肝损伤。灵芝可明显消除头晕、乏力、恶心、肝区不适等症状，并可有效地改善肝功能，使各项指标趋于正常。所以，灵芝可用于治疗慢性中毒、各类慢性肝炎、肝硬化、肝功能障碍。

要想保肝护肝，可以饮用灵芝茶。其做法是：取灵芝 15 克，蜂蜜适量。灵芝洗净，将灵芝用手撕成小块，容易出味；将撕碎的灵芝放在保温杯中，注入 500 毫升的沸水闷泡半小时；把泡好的灵芝水过滤到杯子里，待水温降到 40 度左右

灵芝

加入蜂蜜调和即可饮用。

灵芝还可以治疗神经衰弱。中医认为，灵芝能"安神""增智慧""不忘"，国家药典中记载，灵芝就是有效的安眠宁神之药。据报道，灵芝制剂对神经衰弱失眠有显著疗效，一般服用 10～15 天后即出现明显疗效，如睡眠有所改善，食欲增强，体重增加，心悸、头痛、头晕减轻或消失，精神振奋，记忆力增强等，其中气血两虚者疗效更好。所以，灵芝对于中枢神经系统有较强的调节作用，具有镇静安神的功效，对于神经衰弱和失眠患者是必备佳品。

灵芝可谓是灵丹妙药，不仅是治疗肝脏疾病的好手，而且还可有效地扩张冠状动脉，增加冠脉血流量，改善心肌微循环，增强心肌氧和能量的供给。因此，对心肌缺血具有保护作用，可广泛用于冠心病、心绞痛等的治疗和预防。对高脂血病患者，灵芝可明显降低血胆固醇、脂蛋白和甘油三酯的作用，可软化血管，

灵芝茶

防止其进一步损伤。

养花必知

盆栽灵芝可以放在客厅、书房等比较阴凉的地方，雅致灵气，可以彰显出居室的大气高贵，也可以放在办公室、卧室等地，只要没有阳光直射，都可以良好生长。

灵芝盆栽养护非常简单，既不需要浇水、施肥，也不需要见阳光、承雨露，只需要每隔几天用湿布擦抹灵芝子实体的表面，抹去其上黏附的纤尘，还其本来的鲜艳色彩即可。如果用植物油擦拭，会使灵芝的实体表面变得更加新鲜光亮。若发现有虫时，则应进行熏蒸、冷冻或干燥处理，也可在阳光下曝晒。

药 用 小 偏 方

◎**降血压：**
灵芝 6～9 克，水煎服。

◎**慢性气管炎：**
灵芝 9 克，南沙参、北沙参各 6 克，百合 9 克，水煎服。

◎**过敏性哮喘：**
灵芝 16 克，半夏 3.5 克，苏叶 6 克，厚朴 3 克，茯苓 9 克，水煎冰糖，一日 2～3 次服完。

女贞

——降血脂及抗动脉硬化

女贞又称女贞子、桢木、将军树、大叶女贞、冬青叶，原产于我国，广泛分布于长江流域及以南地区，花期在6~7月，为木樨科女贞属常绿乔木。

女贞有很高的药用价值，其根、叶、皮均可入药。女贞果实有补益肝肾的功效，主治肝肾不足、眩晕耳鸣、腰膝酸软、须发早白、目暗不明等症。女贞一般在11~12月采籽，根、叶随时可采。

现代人吃得好了，运动少了，血脂很有可能就会升高了，因而现在高脂血症的患者极为普遍。高脂血症包括高胆固醇血症、高甘油三酯血症及复合性高脂血症，这是导致动脉粥样硬化和冠心病的主要因素之一。而且它对肾脏、末梢循环、胰脏、免疫系统、血液系统疾病也产生不容忽视的影响，所以降血脂刻不容缓。

女贞则是降血脂的良药，它可以降血脂、抗动脉硬化、降血糖、抗肝损伤对机体免疫功能的影响。服用方法相对简单，取女贞子1500克，加水煎熬，制成浸膏状，然后烤干碾碎，加适量蜂蜜，置瓶中备用。每日服用30克，分3次服完。

女贞还具有补肾滋阴、养肝明目的功效，是补阴类药物。肝肾是人的重要器官，现代人不健康的生活方式和饮食习惯，使得肝肾的负担越来越严重，于是健康亮起了红灯。而女贞则是治疗肝肾阴虚的良药，方法也比较简单，取女贞子适量，用酒浸上一天一夜，然后去皮，再晒干，研成细末，再取鲜旱莲草，捣碎熬成浓汁，将旱莲草浓汁和女贞药末制成梧桐子那么大的丸。每次服9克，每日2次，最好空腹用温开水送服。此丸对肝肾阴虚好处多多，同时还可以治疗头昏眼花、腰膝酸软、失眠、多梦、遗精、口苦咽干、头发早白等。

女贞还对神经衰弱有一定效果。现在由于高强度的生活压力，有不少人患上了神经衰弱，多表现为易兴奋、易激惹、脑力易疲乏，如看书学习稍久，则感头涨、头昏；注意力不集中、记忆力减退，

女贞

或头痛、睡眠障碍，多为入睡困难，早醒，或醒后不易再入睡，多噩梦；神经功能紊乱，有心动过速、出汗、厌食、便秘、腹泻、月经失调、早泄等症，给人们带来了很多困扰。

有神经衰弱的人不妨试试神奇的女贞子，可以轻松帮你解除困扰。方法是：取女贞子、墨旱莲草、桑葚子各15～30克，用水煎服，每日1剂；或用女贞子1000克，浸泡于1000毫升米酒中，每日酌量服，对缓解神经衰弱很有效。

其实，女贞子用于食疗制作起来很简单，平时就可以随手摘几片女贞子叶，加几个干枣泡茶喝。还可以熬成女贞子粥，煮好的粥呈红色，有微苦、微涩味，且略带药气，若嫌口感不佳，可佐以小

女贞子酒

菜同食，滋补效果不错。

药用小偏方

◎**肾虚腰酸：**
女贞子9克，桑葚子、旱莲草、枸杞子各12克，水煎服，每日1剂。

◎**慢性气管炎：**
女贞树皮60克，或女贞枝叶90克，水煎，加适量白糖服用。

◎**头发早白：**
女贞子、桑葚子各15克，浸酒饮。

◎**便秘：**
女贞子30克，当归、生白术各15克，水煎服。

◎**口腔炎、牙周炎：**
鲜女贞叶适量，捣汁含漱。

养花必知

女贞花临冬青翠，有贞守之操，故称女贞。女贞花大家好像都很少注意，它四季婆娑，枝干扶疏，枝叶茂密，树形整齐，其实是园林中常用的观赏树种，也比较适合在家中庭院种植。寒风萧瑟之中，结满果实的女贞枝叶仍然是碧绿青翠的。

女贞的种植比较简单，喜光，也耐阴；喜温暖，较抗寒，生长适温为18~25℃；不择土壤，疏松肥沃即可；喜干燥，盆栽要保持不干不浇的原则；喜肥，生长期要每月施一次钾肥；移栽易成活，春、秋季均可栽植，以春季栽培较好。

槐花

——安神降压的好帮手

槐花又称槐蕊，原产我国，7~8月开花，10月果实成熟，为豆科槐属植物槐的花朵及花蕾。

远离「三高」，花草来支招

槐树各个部位采收的时间不同，夏季，花初开放时采收花朵，称为"槐花"，花未开放时采收花蕾，称为"槐米"，除去杂质，当日晒干。槐叶春夏时采收，晒干。槐枝于春天采嫩枝，晒干。槐角于冬至后果实成熟时采摘，除去梗、果柄等杂质，晒干。

槐花、槐米、槐角都可以入药，槐角可清凉止血，特别是对大肠出血、痔疮出血有奇效；槐米可治头晕目眩，与黄芩同用，能软化、疏通血管，与橘络

槐花

同用，可安神降压。槐花的治病功效更加显著，中医认为其味苦、性微寒，归肝、大肠经，具有凉血止血、清肝泻火的功效；主治肠风便血，痔血，血痢，尿血，血淋，崩漏，吐血，衄血，肝火头痛，目赤肿痛，喉痹，痈疽疮毒等。《本草纲目》记载，槐花乃"阳明，厥阴血分药也。故所以之病，多属二经。炒香频嚼，治失音及喉痹，又疗吐血衄，崩中漏下"。此外，《神农本草经》记载久服槐花能"明目，益气，头不白"。可见槐花还有乌发养颜的效果。而从西医的角度看，槐花含芦丁、槲皮素、鞣质、槐花二醇、维生素A等物质。其中芦丁能改善毛细血管，保持毛细血管正常的抵抗力，防止因毛细血管脆性过大，渗透性过高引起的出血、高血压、糖尿病，服之可预防出血。

食用的槐花，不入中药。槐花味道清香甘甜，富含维生素和多种矿物质，同时还具有清热解毒、凉血润肺、降血压、预防中风的功效。将其采摘后可以做汤、熬粥、拌菜、焖饭，亦可做槐花糕、槐花饺子。日常生活中最常见的就是蒸槐花，我国不少地区都有这一习惯，做法很简单，将洗净的槐花加入面，再加入

精盐、味精等调味料，拌匀后放入笼屉中蒸熟即可。

另外，槐花还可以解决女性月经过多的烦恼。引起月经过多的原因很多，比如说血热、气虚或是血瘀。而多数情况下，是由血热导致的月经过多，原因在于现在大多数女性都喜欢吃辣椒、麻辣烫、川菜等都是辛燥助阳的食物，以致热扰冲任，迫血下行，导致经期提前或月经过多。

那么既然是热的话怎么清热呢？不妨试一试槐花粥，此粥的做法很简单，取生地黄、地骨皮、槐花各 30 克，加入适量的水煎汁，然后把洗净的粳米倒入药汁中熬煮，等粥熟之后就可以吃了，连服 3~5 天，就能起到很好的效果。以上三味药都是清热的，但都是寒性的，所以不宜长期服用，等症状有所缓解之后应该停止服用。

槐花粥

药 用 小 偏 方

◎**风热目赤、高血压：**
槐花 15 克，水煎服。

◎**高血压、高脂血：**
槐花、菊花各 5 克，开水泡饮。

◎**疗疮肿毒：**
槐花（微炒）、核桃仁各 60 克，加白酒 100 克，水煎服。

◎**淋巴结核：**
鲜槐花 60 克，水煎，加白糖 30 克调服。

◎**痔疮出血、便血：**
槐花、地榆、侧柏叶各 9 克，水煎服。

🌼 养花必知

槐树高大挺拔，枝繁叶茂，绿荫如盖。它的花朵纯白如雪，清香远播。槐树的寿命很长，一般能活百年之久，常作行道树、装饰树栽培，也可以制成盆栽，放在阳台、庭院等处。其寓意也很好，象征着吉祥、和谐、富贵。

槐树性耐寒，喜阳光，稍耐阴；喜温暖，生长适温为 15~25℃；在湿润、肥沃、深厚、排水良好的砂质土壤上生长最佳；不耐阴湿而抗旱；盆栽植株要掌握盆土不干不浇的原则；一般不需要施肥，可用扦插、嫁接、压条等方法繁殖。

长春花

——降低血压抗心衰

长春花又称日日春、日日草、日日新、三万花、四时春、时钟花、雁来红，原产马达加斯加、印度。现有许多园艺栽培品种，为夹竹桃科长春花属一年生直立草本。

长春花不仅外表美丽，还有较高的药用价值。长春花全草可入药，主要含有长春花碱、长春新碱等多种生物碱，对降血压很有效。长春花一般在8月至霜降采花或茎叶，鲜用或晒干备用。

高血压是最常见的慢性病，也是心脑血管病最主要的危险因素，脑卒中、心肌梗死、心力衰竭及慢性肾脏病是其主要并发症，所以血压高的患者很危险，平时一定要注意降血压，防患于未然。用长春花降血压，方便简单，可取长春花12克，目镜草10克，决明子6克，菊花10克，用水煎服，每日1次；或用长春花、夏枯草、沙参各15克，用水煎服，二者都是凉血降压、镇静安神的良药。

长春花外用治腮腺炎也很有效。腮腺炎这种病说大不大，说小不小，但也给患者带来很多不便，其主要是炎症引起的。有一个关于长春花治疗腮腺炎的偏方，不仅方法简单而且有效，取长春花15克，水煎，分2次服用；另取部分药汤加青黛2克搅匀敷患处，干则再敷。

🌼 养花必知

长春花喜阳光充足；喜温暖，生长适温3～7月为18～24℃，9月至翌年3月为13～18℃，冬季温度不低于10℃；宜肥沃和排水良好的土壤，耐瘠薄土壤，但切忌偏碱性；忌湿怕涝，盆土浇水不宜过多，过湿影响生长发育；生长期最好每半个月施一次稀薄液肥；一般进行扦插繁殖。

长春花

药 用 小 偏 方

◎**烧伤、痈疮肿痛：**
鲜长春花适量，捣烂外敷患处。

◎**白血病：**
长春花15克，水煎服。

◎**恶性肿瘤：**
长春花提取的长春碱注射液，在医生指导下使用。

春兰

——治疗神经衰弱，促睡眠

春兰又称朵朵香、双飞燕、草兰、草素、山花、兰花，原产我国南部，为兰科蕙兰属多年生草本植物。

春兰不仅外形雅致，还具有一定的药用价值，其根、叶、花均可入药，有润肺止血、疏肝解郁的功效，适用于咳嗽、咳血、头痛等症。

患有神经衰弱的人，长期睡眠不好会导致各种疾病。如果家里有春兰，就可以帮你解决这一烦恼。方法是取春兰15~20克，用开水冲泡，盖上盖子闷几分钟就可以喝了，还可以加点冰糖调一调味。长期饮用，对缓解神经衰弱很有效。

春兰对咯血也有疗效。咯血是一种常见病，多是在咳嗽时出现血丝或痰中带血，这多是因为咳嗽损伤到了肺络，血液来自肺与气管，随咳嗽唾痰而出现。人们看到血往往感到很害怕，其实春兰对咯血就很有效，取春兰根 30 克捣烂取汁，调冰糖炖服，久服可治肺结核咯血。

春兰

药用小偏方

◎ 咳嗽：
兰花叶 30 克，红鹿含草 15 克，微焙研成末，每次 6 克，加适量开水泡服，连服几日便会见效。

◎ 乌发：
常用兰花浸油梳头，可使头发乌黑发亮。

养花必知

兰花是我国的名花之一，有悠久的栽培历史。春兰名贵，且品种很多，其叶态优美，花香为诸兰之冠。开花时有特别幽雅的香气，花期 2~4 月，为室内布置的佳品。兰花多进行盆栽，作为室内观赏用，可以摆放在客厅、书房等地，优雅怡人，超凡脱俗。

春兰喜阳光充足，但忌阳光直晒；生长适温为 15~25℃，最低温度不低于 5℃；要求排水良好、含腐殖质丰富、呈微酸性的土壤；兰花叶片有较厚的角质层和下陷的气孔，比较耐干旱，因此需水分不多，土壤保持"七分干、三分湿"为好；兰花忌施浓肥，生长期每隔 15~20 天施 1 次充分腐熟的稀薄饼肥水；大多用分株和播种繁殖。

合欢花

——失眠安神的首选

合欢花又称夜合欢、夜合树、绒花树、鸟绒树、苦情花，原产于我国东北、华北等地，为含羞草科合欢属乔木。合欢花在6~8月时采花或花蕾，夏秋季采树皮，晒干备用。

嵇康《养生论》里写道："合欢蠲忿，萱草忘忧。"在人们心中，合欢花是一种吉祥之花，也是一种令人不怒、不气、忘忧、高兴的花卉，所以人们很喜欢在自家庭院种上一棵合欢树，既可以美化庭院，又可以治病疗伤。

合欢花不仅异常美丽，对氟化氢、二氧化硫及二氧化碳等有害气体有较强的抵抗性，其药用价值也较高，对许多疾病都有很好的防治效果，如治疗失眠健忘。

合欢花还可以清肝明目，有着护眼养眼的神奇功效，因此也常被用来治疗眼疾，如治疗急性结膜炎，即人们常说

合欢花

的红眼病。如果家人得了此病，不用着急，合欢花蒸猪肝便能轻松缓解。取干品合欢花10克左右，把合欢花放在清水里浸泡几个小时；把猪肝切成片；将猪肝与合欢花放在同一个器皿里，加盐腌制半小时，然后放笼屉上一起蒸熟，然后就可以吃猪肝，喝合欢花猪肝汤了。每天吃一剂，连吃7天可见效。此品可以清肝明目、养肝安神、解郁理气。

中医认为，只有五脏皆安，人才能安然入睡，而合欢花是失眠安神的首选。《神农本草经》中说："合欢，安五脏，合心志。"大家都知道《红楼梦》中的林黛玉郁郁寡欢，总是忧心忡忡，其实她就是用合欢酒来对付失眠的。合欢酒的制作方法比较简单，取一瓶白酒（黄酒效果会更好），把合欢花浸泡在酒里，大概一周后就可以饮用了。

《黄帝内经·素问·六节藏象论》中记载："心者，生之本，神之变也"，而合欢花既可安心，又可安神。合欢花含有合欢甙，可以解郁安神，理气开胃，活络止痛，郁结胸闷，因此被称为清心解郁的"欢乐天使"。使用合欢花静心安神最简单的方法就是泡茶饮用，可以

随手摘几朵合欢花，用沸水冲泡 2~3 分钟即可，如果觉得味道寡淡还可以放适量红糖调味。平时如果忧郁不解、心气耗伤，或因劳累过度而出现精神恍惚、心神不宁、抑郁不舒等症，饮用合欢花茶再合适不过了。

还有一款老少皆宜的合欢粥，也是安神的上品。做法是：取鲜合欢花 50 克，锅中放入清水，水开之后加入合欢花、粳米一起煮稠，再加入红糖熬煮片刻即可。此粥香甜可口，睡前坚持喝，可使人精力充沛，安神美容，延年益寿。

养花必知

合欢花高可达 15 米以上，五、六月间开始绽放出一簇簇的花朵，淡红色的雄蕊长长地伸出，活像一团团的丝绒，也像红缨，因而又有绒花树、马缨花等别称。合欢，对光和热都敏感，每到夕

合欢花粥

阳西下，一对对的羽状复叶就慢慢收拢，次晨再渐渐分开。在炎夏的午后，也有这种现象，但不如夜里的紧贴，所以它的名字又叫夜合。七月流火，一树绿叶红花，翠碧摇曳，带来些许清凉意，走近她却欣欣然晕出绯红一片，有似含羞的少女绽开的红唇，又如腼腆少女羞出之红晕，真令人悦目心动，烦怒顿消。合欢花还象征永远恩爱，两两相对，是夫妻好合的象征。

合欢花喜阳光充足的环境；喜温暖，生长适温为 15~25℃；以肥沃、疏松的砂质土壤为佳；每年入冬前需浇水 1 次，生长季节也要每月浇水 1~2 次；合欢根有根瘤菌产生，故不必每年施肥；多用嫁接进行繁殖。

药用小偏方

◎**高血压：**
合欢花、菊花各 10 克，夏枯草花 15 克，水煎服。

◎**脘腹胀满：**
合欢花、陈皮各 5 克，水煎服。

◎**慢性肝炎：**
合欢花、柴胡、白术、白芍各 10 克，薄荷、甘草各 5 克，水煎服。

◎**食欲不振：**
合欢花、山楂片各 9 克，水煎服。

◎**咽喉炎：**
合欢花、胖大海、冰糖各适量，水煎服。

薰衣草

——雅致的"安神仙子"

薰衣草又称香水植物、灵香草、香草、黄香草，花期为6~8月，原产于地中海沿岸、欧洲各地及大洋洲列岛，为唇形科薰衣草属植物。

花草送您一夜安眠

薰衣草有让人沉醉的美，还有很高的药用价值，其茎和叶都可入药，有健胃、发汗、止痛之功效，是治疗伤风感冒、腹痛、湿疹的良药；还具有舒缓压力、安定神经、降血压、软化血管、改善睡眠的功效。在古时医疗技术落后的年代，被称为"穷人的草药"。

薰衣草可以消除疲劳和缓解紧张情绪，促进睡眠。平时可以用沸水冲一杯玫瑰薰衣草茶，做法是把薰衣草和玫瑰花放入杯中，稍凉后加入适量的牛奶和蜂蜜，搅拌均匀后就可以喝了。这道茶的浓香使人愉悦，没有副作用，并具有镇静安神、松弛消化道痉挛、清凉爽快、消除肠胃胀气、助消化、预防恶心晕眩、缓和焦虑及神经性偏头痛、预防感冒等众多益处，沙哑失声时饮用也有助于恢复，所以有"上班族最佳伙伴"的美名。

有一个关于薰衣草安眠的好方法，大家听说过薰衣草枕头吗？想想清香宜人的薰衣草夜夜伴你入睡，同时还可以宁神镇静、放松身躯、安抚情绪，达到让您在睡眠中养生的功效，是多么惬意的事。制作薰衣草枕头的方法和充塞普通枕头一样，采用野生风干薰衣草填充制作，再适当加入点中空纤维。人睡眠时，头温使枕内药物的有效成分缓慢的散发出香气，凝聚于枕周尺余，通过口腔、咽腔黏膜和皮肤吸收药物成分，达到疏通气血、闻香疗病的效果。

当然，薰衣草不单单具有镇静安眠的作用。

薰衣草芳香别样，是全球最受欢迎的香草之一，是当今全世界重要香精原料，因此被称为"宁静的香水植物""香料之王""芳香药草之后"。其全株均具芳香，植株晾干后香气不变，花朵还可做香包。其香气能醒脑明目，使人舒适。

薰衣草

放几棵干草在衣柜、书柜里，能驱虫防蛀，香味几年不散。

薰衣草精油因用途广泛而被称为"万油之油"。薰衣草精油含有乙酸陈香醇、茨基香茅醇、桉醚等，具有镇定、消毒的作用，是少数可以以纯精油使用的精油，除了具有美容作用外，还可以降血压、改善失眠、止痛、消炎，能促进细胞再生等，对于烫伤也有一定的效果。

薰衣草还有美容的功效，对于油性肌肤与油性发质具有改善的作用。薰衣草中的有效成分能促进细胞再生，能平衡皮肤油脂分泌，加速伤口愈合，改善粉刺、脓肿、湿疹、平衡皮脂分泌，对烧烫灼晒伤有奇效，可抑制细菌、减少疤痕。

我们平时就可以泡一个简单的薰衣草浴。将薰衣草放在一个小布袋里，然后放进浴缸中，冲入热水，泡澡时水分不宜过热，因为热容易出汗，而出汗不利于薰衣草的吸收，浴后不仅全身清香，滋养肌肤，而且有助于舒缓压力。

如果家里种植了薰衣草，那就方便摘取使用了，收获时以剪刀剪取花序，最好是晴天上午的 10 点左右收割。如果想保存可以晾成干花备用，可直接放在室内熏香。

薰衣草还可以泡制为薰衣助眠茶，以干燥的花蕾冲泡而成，取一大匙放进壶中，再倒入沸水，只需闷 5 分钟即可享用，不加蜂蜜和砂糖也甘香可口。

薰衣草茶

养花必知

薰衣草叶形花色优美典雅，蓝紫色花序颖长秀丽，是庭院中一种新的多年生耐寒花开，适宜花径丛植或条植，也可盆栽观赏。适合摆放在书房、餐厅、卧室、客厅等处，不仅雅致，而且房间的每个角落都飘散着淡淡的幽香。

薰衣草是全日照植物，需要充足的阳光，但是夏季至少应遮去50%的阳光；薰衣草为半耐热性，好凉爽，喜冬暖夏凉，生长适温为 15～25℃；适宜于微碱性或中性的沙质土；日常护理时，在一次浇透水后，应待土壤干燥时再给水，以表面培养介质干燥为准；施淡肥，不宜施肥过多，否则香味会变淡；通常用播种、扦插、分株繁殖。

花草是您芳香的暖胃药

茉莉花

——贴心暖胃促消化

茉莉花又称香魂、抹厉、末莉、末利，原产于印度、巴基斯坦，我国早已引种，并广泛种植，为木樨科素馨属常绿灌木或藤本植物的统称。

茉莉花香气甜郁、清雅、幽远，沁人心脾，古时为"八芳"之一，有"人间第一香"之美誉。据说，在香水引进我国之前，我们中国人的一种名贵"香水"便是茉莉花。它不但极香，而且香中有着清婉柔淑的独特韵味。古代心灵手巧的女子们会将茉莉花串成球，挂在身上或帐幔中，用以熏香。它散发出的气味香甜，可令人在自然的芬芳气息中酣然入睡。

茉莉花的花、叶、根均可入药，对多种细菌有抑制作用。茉莉花的花、叶有清热解毒、疏风、和中、下气的功效，主治外感风热、腹泻、结膜炎等症；它的根有麻醉、镇痛作用，主治失眠、跌打损伤等症。茉莉花一般在7月花初开时择晴天采花蕾或初放的花朵，晒干后备用，根、叶则可以随用随采。

茉莉花最主要的一个功效就是化湿和中，"中"指的是处于中焦的脾胃。现代人工作忙得不可开交，常常会忽略自己的身体，饮食不规律，没有营养的快餐成了生活的主流。久而久之，就会给胃造成一定的负面影响，经常受一些小毛病的困扰，比如说恶心、食欲不振，甚至会导致胃癌等严重后果。所以上班族不管多忙多累，也要注意调理一下自己的胃。

喝茉莉花茶养胃就是一个很好的选择。茉莉花茶可消胀气、促消化、缓解肠胃不适，可以起到暖胃的作用，特别适合胃寒的人饮用。另外还有理气止痛、温中和胃、消肿解毒、强化免疫系统的功效，并对痢疾、腹痛、结膜炎及疮毒等具有很好的消炎解毒的作用。

茉莉花还有一个主要的药用功效，就是理气解郁。《本草纲目拾遗》中说："其气上能透顶，下至小腹，解胸中一切陈腐之气。"《本草逢原》说："茉莉花，古方罕有，近世白痢药中用之，取其芳香散陈气也。"所以如果我们生活上有

茉莉花

什么烦心事时，或是迫于工作压力郁郁寡欢时，不妨泡上一杯香气宜人的茉莉花茶，听一听舒心的音乐，心情自然会好了许多。另外，也适用于防治肝气郁结引起的胸肋疼痛、妇女痛经等病症。

茉莉花较高的药用价值还体现在，它可清肝明目、生津止渴、通便利水、祛痰治痢、祛风解表、疗瘘、固齿、降血压、益气力、强心、抗癌、抗衰老，使人延年益寿、身心健康；可安定情绪及疏解郁闷，改善昏睡及焦虑现象。

除了药用，茉莉花还有很多用处，茉莉花与粉红玫瑰花搭配冲泡饮用特别有助于排出体内毒素，有瘦身的效果。外用可润燥香肌，欧美人常以茉莉花油和杏仁油来按摩身体。此外，茉莉花也常被用来当作香水的基调。

茉莉花茶

药用小偏方

◎**腹痛气滞：**
茉莉花3~5克，用水煎服。

◎**肝气郁滞，嗳气不舒：**
茉莉花3克，代代花2克，玫瑰花5克，沸水冲泡代茶饮。

◎**感冒发烧：**
茉莉花5克，丁香花3克，黄酒50毫升，隔水炖服。

◎**痢疾：**
青茶10克，石菖蒲、茉莉花（后下）各6克，水煎服。

◎**跌打损伤：**
茉莉根1克，川芎6克，共研成细末，黄酒冲服。

养花必知

茉莉叶色翠绿，花朵颜色洁白，香气浓郁，是最常见的芳香性盆栽花木。大多数品种的花期为6~10月，由初夏至晚秋开花不绝；落叶型的冬天开花，花期11月到第二年3月。适合摆放在卧室、书房、餐厅、阳台，极富诗情画意，既能提神醒脑，又能安神降压。

茉莉花在通风良好、半阴的环境生长最好；喜温暖，生长适温为20~30℃；土壤以含有大量腐殖质的微酸性砂质土壤最为适合；日常管理要不干不浇，浇必浇透；6~10月开花期勤施磷肥，每2~3天施1次；可在4~10月进行扦插繁殖。

丁香花

——祛除胃寒暖肾脏

丁香花又称洋丁香、百结花、紫丁香，原产我国，是木樨科丁香属落叶灌木或小乔木。

丁香花开于百花斗妍的仲春，芳香袭人，花繁色丽，纷纭可爱，是我国最常见的观赏花木之一，同时也是深受喜爱的常用中药。

丁香花名字的由来，也与其入药有关，因为丁香是以丁香花的花蕾入药的，花蕾的形状与汉字"丁"极为相似，还有由于它浓郁的香味，被称为丁子香，简称丁香。作为中药的丁香花，可分为公丁香和母丁香两种。含苞待放的花蕾称为公丁香，或雄丁香；未成熟的果实称为母丁香或雌丁香。其治疗效果差不多，都是温胃、暖肾的常用药。丁香花一般在8月至翌年3月间，花蕾由青转为鲜红时采摘，晒干备用。

丁香花

有些人平时比较怕冷，冬天四肢冰凉，而且常常感到胃寒。有这些特征的患者，则应采用暖胃的方法治疗。在此，推荐一款自制饮料——丁香橘皮饮。做法是取丁香3克，陈橘皮6克，在锅内放适量的水，放入丁香、橘皮，煎煮30分钟后即可饮用。

此外，还有一款丁香暖胃的食疗方。做法是取丁香3粒，姜汁10毫升，牛奶200毫升，红糖适量；将丁香泡后以文火煎煮10分钟，放入姜汁、牛奶、红糖，调匀后饮用。对过食生冷所致的脾胃虚寒有显著效。其实丁香花还可以和鸡、鸭、鱼肉等做成药膳，同样可以治疗"胃寒症"。

丁香还是一种去口臭的良药。丁香之所以能去口臭，除了其芳香的香味可以压制口中的臭气之外，还与其去除胃寒的功效有关，因为大部分口臭都是由于胃寒引起的。丁香除口臭的方法很简单，取母丁香4粒，先将母丁香捣碎，放入茶杯中，冲入沸水，加盖浸泡10分钟即成，对牙痛、口腔溃疡也有一定的效果。丁香还可以和花草茶混合冲泡饮用，如肉桂，同样可以起到去除口臭的作用。

另外，脾胃虚寒的人，很容易出现腹痛、腹胀、呕吐等症状。此时患者可饮用丁香山楂饮来缓解症状。做法是：取公丁香 2 粒，山楂 6 克，黄酒 50 毫升，隔水蒸饮。此饮有温中止痛之功效，比较适合胃寒的人饮用。

夏天酷暑难耐时，我们还可以自制丁香消暑饮料。做法是：取公丁香 5 克，山楂 20 克，陈皮 10 克，桂皮 1 克，乌梅、白糖各 500 克，用水煎服，此款饮料有开胃止咳、消暑除烦的功效，适用于肠炎、痢疾等症。

🌼 养花必知

丁香花花序硕大、开花繁茂，花色

丁香陈皮饮

淡雅、芳香。因为丁香花多成簇开放，好似结，称之为"丁结，百结花"，古代诗人多以丁香写愁。可丛植于路边、草坪或向阳坡地，或与其他花木搭配栽植在林缘，也可在庭前、窗外孤植，还宜盆栽，放在室内的窗台、餐桌等处，格外雅致。

丁香性喜阳光，稍耐阴，如果栽在荫蔽环境中，则枝条细长较弱，花序短小而松散，花朵没有光泽；喜温暖，生长适温为 15~25℃；要求肥沃、排水良好的砂质土壤；喜湿润，忌积水，积水后根系常腐烂死亡，耐寒耐旱，一般不需多浇水；不喜肥，在生长旺期，施 1 次稀薄液肥即可；常用嫁接繁殖。

药 用 小 偏 方

◎**心痛不止：**
丁香 15 克，桂心 30 克，共研细末，温酒送服。

◎**呕吐：**
丁香、柿蒂、人参、生姜各 9 克，水煎服。

◎**胃寒胃痛：**
公丁香 6 克，肉桂、乌药各 9 克，木香 12 克，共研细末，温开水送服。

◎**小儿吐逆：**
丁香、半夏（生用）各 30 克，同研为细末，用姜汁调制成如绿豆大的丸，用姜汤送下，每次 20 丸。

◎**朝食暮吐：**
丁香 15 粒，研为末，甘蔗汁、姜汁和丸如莲子大，噙咽之。

五色椒

——脾胃虚寒就找它

五色椒又称朝天椒、五彩辣椒、观赏椒、佛手椒、观赏辣椒、樱桃椒、珍珠椒，原产美洲热带，现各国广为栽培，花期为5~7月，为茄科辣椒属一年生草本植物。

花草是您芳香的暖胃药

五色椒有一定的药用价值，其全草可入药。具有温中健胃、散寒祛湿等功效，内服可用于胃寒饱胀、消化不良、食欲不振、风寒感冒等；外用能促进皮肤血液循环、治疗冻疮、风湿痛等。但因其辛热助火、行血动血，故痔疮、便秘、口舌生疮、目赤肿痛及各种出血症患者，不宜食用。

《本草纲目》中记载："辣椒性热，味辛，有散热、除湿、开胃、消食之功。"可治疗寒滞腹痛、呕吐、泻痢、冻疮、疥鲜。其根可治疗手足无力、肾囊肿胀；茎可祛寒湿，逐冷痹、湿痹，散瘀血，主治风湿冷痛及冻疮等症。

现在很多人有脾胃虚寒的问题，其

五色椒

症状主要是冷痛不适，且绵绵不休，按压后疼痛会有所缓解；空腹的时候更疼，吃点东西就会有所缓解；过度劳累，吃生冷的食物会更加严重，还会胃返清水；吃得很少；神疲乏力，手足不温。有一些人觉得这都是小毛病，忍忍就过去了，殊不知如果脾胃虚寒得不到及时的调理很容易引起慢性胃炎、消化性溃疡、十二指肠炎、吸收不良综合征、溃疡性结肠炎等病，后果会很严重。五色椒就是治疗脾胃虚寒的专家，而且可当作蔬菜一样食用。

五色椒为什么会经常被当作蔬菜食用呢？因为其有一定的食用价值，是美味的调味品，它的营养价值相当高，含有很丰富的维生素 A、B 族维生素、维生素 C，β 胡萝卜素，糖类、纤维质、钙、磷、铁等，这些元素能增强免疫力，对抗自由基的破坏，保护视力。五色椒还具有美容作用。可以强化指甲和滋养发根，对于肌肤有活化细胞组织功能，促进新陈代谢，使皮肤光滑柔嫩，因此爱美的女性朋友可以多吃。

此外，五色椒还可以预防微血管的脆弱出血、牙龈出血、视网膜出血、脑血管出血，也是糖尿病患者较宜食用的食物。平时我们在做菜的时候用到青辣椒配菜的时候很多，但青辣椒属于刺激性食物，会加重胃部不适感，脾胃虚寒的人不宜食用。如果家里养了一盆五色椒，就可以替代青辣椒，炒出来的菜既营养丰富，色彩缤纷，又能保持胃部健康。

下面介绍一款暖胃又爽口的素菜——五色椒炒百合。

首先，准备新鲜百合 100 克，青甜椒、黄甜椒、红甜椒各 150 克，姜 10 克，葵花籽油 2 大匙，盐、细砂糖、味精各少许。做法也比较简单，先将青甜椒、黄甜椒、红甜椒去籽洗净，切片；姜洗净切片，备用；新鲜百合洗净沥干水分，备用。然后，向热锅倒入葵花籽油，爆香姜片，放入青甜椒片、黄甜椒片、红甜椒片略炒后，放入百合、适量热水以及所有调味料，快炒均匀至入味即可。

五色椒炒百合

养花必知

五色椒收获部位为五色椒的浆果。通常在每年 9～10 月间，将已经成熟、形状端正的果实摘下，在晒干后搓破果皮，清选出种子。注意五色椒的果实、种子均有很强的辣味，在操作时要多加小心。手部有伤口者不宜进行果实、种子处理。

五色椒果形精巧，簇生枝端，颗颗朝上，点缀在绿叶中，灵巧可爱，冬天也经久不落。它的颜色还富于变化，由开始的深紫变为浅紫，再到乳白色，再变成浅黄、金黄、橘黄、橘红到最后的大红色，有时多种颜色的五色椒果实同时挂在枝头，甚为可爱。

五色椒的养护很简单，可以单株培植于小盆中或数株合植于稍大的盆中，喜阳光充足的环境，可将五色椒放置于窗台或楼顶，除了夏日正中烈日之时需拿回避荫处外，其他时间可让它尽情享受阳光，也可以摆放在客厅、卧室或厨房，装饰效果非常好；喜温暖，生长适温 20~28℃；到 6~7 月开花时浇水不宜采用叶面喷水，以免引起落花、落蕾，待花落后，可照常向叶面喷水；生长季节每月施 1 次稀薄液肥；常于春秋两季进行播种繁殖。

花草是您芳香的暖胃药

柠檬草

——补脾健胃，祛除胃肠胀气

柠檬草又称"柠檬香茅"，原产于印度，为禾本科多年生草本植物。

在传统医术中视柠檬草为治疗百病的药用植物，气味芬芳而且有杀菌抗病毒的作用，从古至今受到医家的推崇。柠檬草可健脾健胃，祛除胃肠胀气、疼痛，帮助消化；具抗菌能力，可治疗霍乱、急性胃肠炎及慢性腹泻，减轻感冒症状。平日多饮用柠檬草茶，有效预防疾病，增强免疫力，达到有病治病，无病防身的效果。

胃肠道胀气是很常见的一种胃部不适症状，是人们对消化不良引起的一系列症状的总称。消化不良多表现为饭后腹部疼痛或不适，常伴有恶心、嗳气、打嗝、肚子胀等。这些小毛病常常把人们折腾得不轻，其实柠檬草就有对付这些疾病的妙招。

柠檬草可以去其他食材搭配，做成补脾健胃的食疗药膳。在东南亚地区，人们拿柠檬草根部的白色茎来煮菜，泰国菜中的酸辣汤就是用它调味的。越南的风味食品中，它的用途更广泛，如将柠檬草切丝放于煮好的米粉、蔬菜或肉上，或作芳香调料与肉共煮。

最简单易操作的方法就炮制柠檬草茶，而且还适合搭配玫瑰花、马鞭草、迷迭香。方法如下：用热水温热茶壶、茶杯，之后将其沥干，再取出3~5克柠檬草，装入温过的壶中，缓缓倒入500毫升的沸水，柠檬草香随之飘散开来，约放置3分钟就可以饮用了。回冲第二次约要7分钟，第三次大约要静置10分钟。在玻璃茶壶中好像水草般的草叶会映衬得整个壶像是一颗绿水晶，十分美

柠檬草

丽。要注意的是在冲泡柠檬草前，最好先用手轻揉一下，这样香味更容易泡出来。喝剩下的茶汤可泡脚，可治疗脚气或流汗过度。

下面就介绍一款酸甜可口的佳肴——柠檬梅汁里脊。做法是：准备里脊肉300克，鸡蛋1个，玉米粉4大勺，话梅8个，柠檬草5克，熟豌豆适量，苹果醋1小勺，糖1匙，番茄酱2匙，玉米淀粉2匙，食用油适量。将里脊肉取中段，切3~4毫米的厚片，加2勺玉米粉、鸡蛋搅匀腌渍；话梅与柠檬草加水在微波炉中转十五分钟，如果添加热水，可减少用时，滤出备用；油锅烧热，下肉片炸至表面黄脆捞出。将煮好滤出的汤汁加苹果醋、糖、番茄酱，玉米淀粉2勺煮开，至汤浓；加入炸好的肉片、熟豌豆收汁盛出即可食用。这是一道低盐菜，整个制作过程没放一点盐，酸甜口味。柠檬草可促消化，菜里加入了话梅，还可以起到调节食欲的作用。

另外，柠檬草还是爱美女士的贴心伙伴，可滋养皮肤，调节油脂分泌，还可起到促进皮肤血液循环的作用，有益于改善油性肤质和发质。

🐼 养花必知

柠檬草花呈灰色圆锥形，叶子有很浓的柠檬味，整株植物散发出沁人心脾的香味。但是这种香味很容易被人忽略，因为柠檬草的外表平淡无奇，

柠檬草茶

如果是长在路边，你会将它当作普通的茅草而忽略掉。但是只要你搓一搓它的叶子或茎，它就会散发出好像柠檬般怡人的清香。如果在自己的家里养的话，可以放在客厅、餐厅、书房等地，无论放在哪个角落，都会给整个房间带来阵阵淡雅芳香。

柠檬草喜光照充足；温暖湿润环境，不耐寒，生长适温为15~20℃；对土壤的要求不高，但以排水良好的砂质土壤为好；生长期掌握"不干不浇"的原则，7月高温干旱时要注意浇水，保持土壤湿润；5月时进行1次施肥；主要用分株繁殖，分株种植在4月进行。

花草是您芳香的暖胃药

无花果

——润肺止咳，清热润肠

无花果又称隐花果、奶浆果、明目果、映日果、天香果，原产阿拉伯南部，后传入叙利亚、土耳其等地，为桑科无花果属落叶灌木或小乔木。

无花果树叶浓绿、厚大，树态自然，没有鲜艳的花朵，所开的花生于花序托内，而果子实际上就是膨大的花序托，所以被人们误认为它是"不花而实"，因此得名。其果实味美甘甜。当果实成熟时，绿叶中衬托着黄色的果实，显得格外美丽。无花果净化空气的能力也很强，其可吸收二氧化硫、三氧化硫、氯化氢、氯气、硫化氢、氟气、二氧化氮、苯、粉尘等多种有害气体，是人们身边的健康卫士。

净化功能	有害成分简式
吸收二氧化硫	SO_2
吸收三氧化硫	SO_3
吸收氯化氢	HCl
吸收氯气	Cl_2
吸收硫化氢	H_2S
吸收氟气	F_2
吸收二氧化氮	NO_2
吸收苯	C_6H_6

无花果是一种营养丰富的水果，它含有丰富的氨基酸、维生素、胡萝卜素、酶类等，对人体很有益，而且是无公害绿色食品，被誉为"21世纪人类健康的守护神"。无花果可以鲜吃，或制成干果、蜜饯、罐头，也可以熬粥煲汤。

无花果有一定的药用价值，其果实有健脾益胃、润肺止咳、补中益气、清热润肠、清咽利喉、抗癌防癌之功效，主治肠炎、痢疾、痔疮、喉痛等；根、叶有散瘀消肿之功效，主治筋骨疼痛、赤疮、瘰疬、肿毒。无花果一般在夏秋季采叶，秋季采果实，全年采根，鲜用或晒干备用。

无花果粥又是一款健胃消热、消肿利咽的良药。做法是：取粳米100克，放入锅内加水煮成粥，待粥将要熟时放入切成丁的无花果6枚，或无花果粉20

无花果

克，再加蜂蜜适当调味。此粥适合痔疮便血、咽喉肿痛或慢性肠炎的患者常喝。

用无花果泡茶是一种健胃消食的好方法，取无花果 300 克，切碎，炒至半焦。每次 10 克，加白糖适量，用沸水冲泡，代茶饮。能健脾胃、助消化，用于脾胃虚弱，消化不良，饮食减少，便溏腹泻等。

此外，无花果所含的脂肪酶、水解酶等有降低血脂和分解血脂的功能，可减少脂肪在血管内的沉积，进而起到降血压、预防冠心病的作用。无花果还有抗炎消肿之功，可利咽消肿。而未成熟果实的乳浆中含有补骨脂素、佛柑内酯等活性成分，其成熟果实的果汁中可提取一种芳香物质苯甲醛，二者都具有防癌抗癌、增强机体抗病能力的作用，可以预防多种癌症的发生，延缓移植性腺癌、淋巴肉瘤的发展，促使其退化，并对正常细胞不会产生毒害。

无花果作为一种美味的水果，一般

无花果茶

人群均可食用。尤其适合消化不良者、食欲不振者、高脂血患者、高血压患者、冠心病患者、动脉硬化患者、癌症患者、便秘者。而大便溏薄者不宜生食。

🪴 养花必知

无花果集环保、药用、食用于一身，因此深受人们喜爱。一般种植在庭院，既装点了庭院，又可方便使用。

无花果喜阳光充足的环境；喜温暖，生长适温为 15~25℃；耐瘠薄，对土壤的适应性很强，尤其是耐盐性强，但以肥沃的砂质土壤栽培最宜；较耐干旱，保持土壤湿润即可，不耐肥力，一般在生长季节每 2 个月施一次复合肥；一般以扦插繁殖为主。

药 用 小 偏 方

◎**哮喘：**
无花果适量，捣汁，温开水送服。

◎**消化不良：**
无花果 30 克，切片晒干炒黄，加白糖适量，开水冲服。

◎**肠炎：**
无花果叶 30 克，水煎熏蒸脚心，泡足。

◎**久泻不止：**
无花果 15 克，荷叶 10 克，水煎服。

身体湿热发炎，花草来舒缓

麦冬
——生津利咽、滋阴益肾

麦冬又称沿阶草、书带草、麦门冬，原产于我国，为百合科沿阶草属多年生常绿草本植物。

麦冬不以观赏为主，主要的价值就是药用，有滋阴益肾、生津利咽、润肺止咳的功效，用于肺燥干咳，虚痨咳嗽，心烦失眠，内热消渴，肠燥便秘，吐血，咯血，肺痿，肺痈，虚劳烦热，热病津伤，咽干口燥，便秘等症。一般将鲜麦冬切取块茎，除去须，洗净晒3~4天，堆1~2天，上盖麻袋和草包，如此反复多次后，晒至足干，以备药用。

麦冬性微寒，味甘微苦。现代中药药理学证实，麦冬含多种甾体皂苷及氨基酸、葡萄糖、维生素A和黏液质、钾、钠、钙、镁、锌、铬等。因此能增加冠脉流量，对心肌缺血有明显的保护作用，改善心肌收缩，降低心肌氧耗，抗心律失常，防治心血管疾病。另外，还可保护受损

的胰岛细胞恢复，增加肝糖原，因此具有降血糖的作用还有提高机体抗饥饿的能力，增强机体免疫力，延长抗体的时间，清除体内自由基而抗衰老的作用。因此麦冬有增强正气、加强抗邪作用，从而减少疾病的产生。正如《本草纲目》所说："久服轻身，不老不饥。"

麦冬性寒质润，滋阴润燥作用较好，适用于有阴虚内热、干咳津亏之象的病证，不宜用于脾虚运化失职引起的水湿、寒湿、痰浊及气虚明显的病证。因此要将麦冬当作补品补益虚损时应注意辨证，使用不当会生湿生痰，出现痰多口淡、胃口欠佳等不良反应。

麦冬是治疗胃部疾病的高手，如胃阴不足导致的脘隐痛或灼痛，嘈杂似饥，饥不欲食，口干舌燥，烦渴思饮，干呕呃逆，心烦不寐；舌红少苔、或有裂纹、或光剥苔，脉细数等。此处介绍一个麦冬良方：麦冬10克，北沙参15克，生地黄15克，玉竹15克，加冰糖煎服，可养阴清热，益胃生津。

麦冬是天然的利喉良药。现在咽喉问题困扰着很多人，如慢性咽炎发作时而有瘙痒感，继而引发咳嗽，多会使咽

麦冬

喉黏膜暗红稍肿，干燥不润，局部淋巴滤泡往往增生。此病可以用麦冬来治疗，方法是：取麦冬 10 克，党参 15 克，姜半夏 10 克，粳米 30 克，大枣 30 克，甘草 5 克，用水煎制之后服用，可以治疗火逆上气，咽喉不利，咳吐不畅等咽喉疾病。

麦冬治疗糖尿病的作用也不能小觑。将 10 克冬瓜子与 10 克麦冬，5 克玉竹一同放入锅中，煎水代茶饮用，可滋阴解渴、清热利尿，糖尿病患者常饮此茶可有效降低血糖。将麦门冬与玉竹、乌鸡煲汤食用，可滋阴补血、降低血糖，还能预防糖尿病性心脑血管疾病（如心绞痛、急性心肌梗死、心律失常等）。也可以将麦门冬与枸杞、沙参煎水当茶饮用，可滋阴润肺、生津止渴，对糖尿病患者大有益处，可降低血糖，改善血糖过高引起的口渴多饮、心烦失眠等症状。

下面介绍一款降糖食疗方——麦冬百合粥，此粥可滋阴润肺、养心安神。糖尿病患者常食不但能降低血糖，还能改善血糖过高引起的五心烦热、失眠等症。

麦冬百合粥

具体做法是：准备干百合 30 克，粳米 50 克，麦冬 20 克。将干百合洗净，浸泡 20 分钟；粳米洗净，浸泡 2 小时；麦冬去杂质，洗去浮沉，备用。将浸泡的粳米和洗好的麦冬一起放入锅内，加水大火煮开，转小火煮至粳米八成熟时再放入百合，煮至粳米开花即可起锅。

养花必知

麦冬叶茂，四季常绿，枝叶繁茂，郁郁葱葱，花如小梅，呈淡紫色或白色，果呈蓝黑色，晶亮如珍珠。常作为盆景点缀客厅、阳台、书房、卧室。盆栽放在室内，不仅十分雅致，而且有吉祥之喜气，而其与吉祥草又极近似，故有吉祥如意之寓意。

麦冬宜稍荫蔽，在强烈光照下，叶片易发黄，对生长发育不利；稍耐寒，冬季 -10℃的低温植株不会受冻害；宜疏松、肥沃、排水良好的壤土和砂质土壤；生长期保持土壤湿润，避免积水；一般不需要施肥；常用分株或播种繁殖。

药用小偏方

◎**鼻出血：**
麦冬 5~15 克，生地黄 20~30 克，水煎服。

◎**齿缝出血：**
麦冬适量，煎汤漱口。

◎**大便干燥不畅：**
麦冬 5~15 克，桑葚 30~60 克，水煎服。

金莲花
——清热消炎，抗病毒

金莲花又称吐血丹、寒金莲，原产南美秘鲁，为毛茛科金莲花属一年生或多年生草本植物。

金莲花晾干的花朵可入药，有清热解毒、疏风消肿的功效，可用于治疗急慢性扁桃体炎、急性中耳炎、急性鼓膜炎、急性淋巴管炎、疔疮肿痛等。金莲花一般在春夏采收，洗净鲜用或晾干用。

大家可能对发生疔疮肿痛的原因不熟悉，它发病的原因一方面是由于平时不注意肌肤清洁所致，比如被铁质的东西刺伤后伤口会出现红肿，如果不用消毒水处理的话，很可能使含有大量细菌的脓性分泌物通过血液扩张到体内而化

脓，另一方面是和饮食不节有关，平时吃大鱼大肉，或是有酗酒习惯的，爱吃辛辣等习惯的人，就会引起腑脏积热，皮肤上就容易生疮。而金莲花就是一种解毒消肿，治疗疔疮的天然良药。《广西药植名录》中记载：金莲花"治疮毒"，当出现疔疮症状的时候，可取适量的金莲花捣烂，敷于患处，每日换药 2 次，为了效果更好，可以再加适量的仙人掌，其也有消炎的作用。

金莲花很适合泡茶饮用，称为"塞外龙井"，民间还有"宁品三朵花，不饮二两茶"的说法。用金莲花泡出的茶气味芳香淡雅，色泽金黄澄明，清纯爽口。冲泡方法是，取干金莲花 5 克。将金莲花放入杯中，用沸水冲泡，代茶饮用，每日 1~2 剂。此茶是一种清火败毒的绝好饮品，能清热解毒，主要用于治疗咽炎、咽喉肿痛、慢性扁桃体炎、痈肿疮毒、口疮、目赤等症。如遇急性症状可以加大用量，也可以加等量鸭跖草，但切勿长期加量饮用，否则会伤肾。

其实，金银花不仅能清音亮嗓，对祛除口臭还有一定的帮助。口臭也

金莲花

称为口气，引起口臭的原因很多，但是一般都是和身体状况有关系的。清代《杂病源流犀烛》中记载："虚火郁热，蕴于胸胃之间则口臭，或劳心味厚之人亦口臭，或肺为火灼口臭。"这里是说胃火过盛，饮食荤腥油腻，肺热都会导致口臭。对于由身体的各种急慢性疾病引起的口臭，一定要及时治疗，既然体内郁热积火引起口臭，所以自然是要清火了，这时金莲花就派上用场了，一杯柠檬金莲花茶，就可以轻松帮你解决烦恼。

泡制柠檬金莲花的方法是：取金莲花 3 克，用沸水冲泡后，挤入几滴新鲜柠檬汁或加入干柠檬片一起冲泡，如果嫌味苦，可以加入适量白糖调味。柠檬具有止渴生津、祛暑清热、化痰、止咳、健脾胃等功能，与金莲花搭配一起使用，祛除口臭效果极佳。不过柠檬含有丰富的柠檬酸，所以胃酸过多者不宜长期饮用柠檬水，另外就是牙痛和患糖尿病的人不宜服用。

柠檬金莲花茶

🌼 养花必知

金莲花是很好的装饰用花卉，有很多的装饰方法，庭院内可种在花坛内，或墙边，让其顺墙攀附，也可用细竹做支架造型任其攀附；还可制成吊篮盆栽，翠叶黄花纷披而下，可突显室内环境的清新、雅致；也可盆栽置于窗台、书橱、高几架上。

金莲花喜阳光充足环境；喜温暖，生长期适温为 18 ~ 24℃，冬季温度不低于10℃，夏季高温时，开花减少，冬季温度过低，易受冻害，甚至整株死亡；喜排水良好的肥沃土壤；生长期茎叶繁茂，需水分充足，应向叶面和地面多喷水，保持较高的空气湿度；生长期每月施 1 次稀薄液肥；一般用播种或分株方法繁殖。

药 用 小 偏 方

◎**急性中耳炎：**
金莲花、菊花各 9 克，甘草 3 克，水煎服。

◎**口疮：**
金莲花、大青叶各 10 克，水煎取汁含漱。

◎**眼结膜炎：**
金莲花、野菊花鲜品适量，捣烂，敷眼眶。

木芙蓉

——清热解毒，缓咽炎

木芙蓉又称芙蓉花、拒霜花、木莲、地芙蓉，原产于我国，为锦葵科木槿属落叶灌木或小乔木。

木芙蓉浑身是宝，有很高的药用价值，其花叶皆可入药，花有清热凉血、消肿排脓等功效，适用于治疗热疖、疮痈、乳痈及肺热咳嗽、肺痈等病症；又可用于血热引起的崩漏，常与莲蓬壳配合同用；它的叶入药叫芙蓉叶，一般常作外用。李时珍说，以芙蓉花叶治疗"痈疽肿毒恶疮，妙不可言"，有消肿散结拔毒，排脓止痛的作用，适用于治疗热疖、疔疮、痈肿及臀部注射针剂后引起的肿块不消等症。木芙蓉一般在秋季采花叶，冬季挖根，鲜用或晒干备用。

木芙蓉还可以食用，以用于养生保健。它既可以去芯去蒂生吃，也可以制作成菜肴和茶饮。最简单的方法就是泡一杯芙蓉花茶，做法是取木芙蓉 5 克，绿茶 2 克，沸水冲泡，加蜂蜜 20 克调饮。可以用于清热解毒，如果儿童惊风，不妨喝点这个茶。

芙蓉花有清热凉血的作用，可改善微循环，因为具有美容养颜的功效。下面介绍一款芙蓉花粥，月经过多的女性朋友可以试着喝一下，做法是：取芙蓉花 10 克，粳米 100 克，百合 20 克，冰糖适量。将芙蓉花、粳米洗净，干百合用凉水浸泡；将粳米加水煮粥，当粥快熟时加入芙蓉花、百合用文火煮 20 分钟，关火焖 5 分钟，盛出加适量冰糖即可。

还有一款芙蓉花美容养颜的良方，即著名的三花除皱汤。本汤出自《秘本

木芙蓉

丹方大全》，指以桃花、荷花、芙蓉花适量，雪水煎汤，频洗面部，即可起到活血化瘀，促进人体血脉通畅，起到荣养润泽肌肤和毛发的作用，有利于延缓皮肤衰老、减少或延缓皱纹的产生。由于取雪水受季节限制，所以在没有雪水的季节，也可用冰块化水煎汤或者直接用矿泉水煎洗。其中桃花性平、味苦，无毒，有祛风镇静、养心活血、滋润皮肤、艳颜美容之效；荷花味苦、甘，性温，有活血止血、祛湿消风之效；芙蓉花含有丰富的维生素C，可滋养皮肤，美容养颜，三者合在一起，美容效果极佳。

三花除皱汤

养花必知

木芙蓉艳丽无比，大多栽种于庭院向阳处或水塘边，其花朵一日三变，晨粉白、昼浅红、暮深红，其花容娇艳妩媚，常令人流连忘返。它有"拒霜"的独特性格，此花盛开于农历九至十一月，这时百花凋谢，它却斗霜抗寒，在晚秋一派苍凉萧瑟中昂扬绽放，这种性格真的很令人敬佩。

木芙蓉喜阳光充足，稍耐半阴；喜温暖，有一定的耐寒性，生长适温15~28℃；对土壤要求不严，但在肥沃、湿润、排水良好的砂质土壤中生长最好；生长季节要有足够的水分，以满足生长的需求；每年冬季或春季在植株四周开沟施些腐熟的有机肥，施肥后及时浇水、封土；大多用扦插繁殖。

药用小偏方

◎流行性感冒：
木芙蓉30克，厚朴花6克，水煎服。

◎跌打损伤：
木芙蓉、凤仙花15克，研成细末，以米醋调和敷患处，或木芙蓉适量捣烂敷患处。

◎风湿性关节炎：
可取木芙蓉适量，晒干研成细末，用冷茶调敷患处。

◎烫伤：
芙蓉花适量，晒干研末，用麻油调搽即可，如有泡破溃的，加鸡蛋清外搽。

◎疗疮痈肿：
木芙蓉叶或花研成细末，用蜜或麻油调敷患处。

玉簪花

——清火去燥，利小便

玉簪花又称玉春棒、白鹤花、玉泡花、白玉簪，原产于我国和日本，我国各地均有栽培，为百合科玉簪属多年生草本植物。

玉簪花全株均可入药。玉簪花四季可采，多为鲜用，花多在夏季含苞待放时采摘，阴干备用，根在秋后采挖为宜，鲜用或晒干备用。

玉簪花常见有白色和紫色的花朵，其入药的话功能是有区别的，白玉簪花有清热解毒、利尿消肿、润肺止血的功效，紫玉簪花有调气、和血、补虚的功效，主治咽喉肿痛、小便不通、疮毒烧伤等症；根入药具有清热消肿、解毒止痛之功；叶有解毒消肿、清火去躁的功效。注意玉簪花有微毒，服用时最好遵医嘱。

此外，玉簪花还是咽炎的克星，

玉簪花

咽炎、慢性咽炎是当下人们的一种常见病，发病初期咽喉会有干燥、灼热的感觉，随着病情的加重会产生疼痛感，吞咽唾液时比吃东西时疼痛感更加明显，还有可能伴随发烧、头痛、食欲不振和四肢酸痛等症状。如果侵入到咽喉的位置，还可能伴随着声音嘶哑和咳嗽等，使咽炎患者烦恼不已。其实用玉簪花泡茶喝，就能解决这一烦恼。方法是，取玉簪干花8~10支，用沸水冲泡，当茶频饮。

玉簪花还可以外用，治乳痈、疮痈肿痛，方法是：将白玉簪鲜草捣烂取汁外敷；治中耳炎的话，将玉簪花鲜草捣烂取汁，滴耳；治烧伤，取白玉簪花适量（或叶）放入麻油或菜油中，腌渍2个月，取油外用。

另外，玉簪花还有其他食疗价值。大多数女性都感受过痛经带来的痛苦，其实玉簪花就对痛经有缓解作用。食疗方法是，取玉簪花20克，红糖25克，生姜3克，一起熬成玉簪红糖饮。还可以用玉簪花煮粥喝来缓解痛经，下面推荐一款活血行瘀，养血育阴的玉簪花粥。做法是：准备玉簪花12~15克，红花

6~12克，粳米50~100克，红糖适量。将玉簪花、红花煎取浓汁去渣；粳米加水适量，煮沸后调入药汁及红糖，同煮为粥。气血瘀阻引起的痛经患者，以及月经不调的人可以多喝。

另外，玉簪还有净化空气的作用，其对氟化物很敏感，可作为大气中氟化物的检测指示植物。倘若大气中的氟化氢日平均浓度达到0.034毫克/克的时候，玉簪可出现各种受害症状，如叶边缘出现乳黄色或浅棕褐色斑痕，或在叶片的受害部分和健康部分之间有一条棕褐色的线等。而叶片的受害部分在失水后容易破碎掉落，使叶缘呈现缺刻状。玉簪还可吸收硫化物，其叶片的含硫量可达 2 ~ 3毫克/克。

🌸养花必知

玉簪花花叶娇莹，秋季开花，色

玉簪红糖饮

白如玉，未开时如簪头，故称玉簪。玉簪花香气，清香宜人，是比较流行的装饰花卉。因为玉簪花较耐阴，可以盆栽布置在室内及廊下，是一道极佳的风景线。

玉簪花喜阴，切忌阳光直射；耐高温，喜凉爽，生长适温为20~30℃；不择土壤，以疏松肥沃的土壤为宜；喜湿润不耐干旱，生长期间要注意浇水，但又不能过量积水；在发芽期要追施以氮肥为主的肥料，在孕蕾期要施以磷肥为主的液肥；在春季4~5月或秋季10~11月均可进行分株繁殖。

玉簪常见的病害为锈病。发现锈病时，应及时剪除病叶，同时隔10天左右为其喷一次1%等量式波尔多液。

药用小偏方

◎瘰疬、鸡眼：
玉簪根适量，捣烂敷患处。

◎乳腺炎：
鲜玉簪根适量，捣烂敷患处。

◎牙痛：
鲜玉簪根捣烂取汁，搽患牙。

◎雀斑：
采摘清晨的鲜玉簪花，捣烂取汁，涂面。

◎血滞血瘀型高血压：
玉簪花15克，红花20克，菊花10克，研成细末，温开水送服。

扶桑花

——清肺化痰，凉血解毒

扶桑花又称朱槿、大红花、朱槿牡丹、妖精花等，原产于我国，为锦葵科木槿属常绿大灌木。

去火防燥，花草送清凉

扶桑花不仅有美丽的外表，还有一定的药用价值。其叶、茎、根均可入药，主用根部，有清肺化痰、凉血解毒的功效，主治痰火咳嗽、鼻衄、痢疾、腮腺炎、结膜炎、赤白浊、痈肿、毒疮等症。叶有凉血解毒的功效，主治支气管炎、宫颈炎、月经不调等症。扶桑叶、茎及根可四季采收，花季采花。采后去泥土杂质，晒干备用（茎及根切片），或用鲜品。

扶桑花归心经、肺经、肝经、脾经。有清肺；凉血；化湿；解毒的功效。《本草纲目》记载："扶桑，产高方，乃木槿别种，其枝柯柔弱，叶深绿，微涩如桑，其花有红、黄、白三色，红色者尤贵，呼为朱槿。东海日出处有扶桑树，此花光艳照日，其叶似桑，因以比之，后人

扶桑花

讹为佛桑，乃木槿别种，故日及诸名，亦与之同。"

去火消炎是扶桑花的主要功效之一，《本草纲目》中以花及叶入药；根可治妇女病，花可治腮肿，叶具消肿、去毒、利尿的功效。如果小孩长头癣的时候，就可以把扶桑花捣碎加入一点红糖搅匀，外敷在头部，几日即可见效。

扶桑花还有食疗功效，通常作汤剂或炖剂。下面介绍一款扶桑白茅根粥，做法是：取白茅根30克，水煎取汁，加粳米100克熬煮成粥；将熟时调入扶桑花15克，白糖30克。此粥有清热解毒、生津止渴的功效，适用于痈疽、腮腺炎等症。扶桑花还可以和百合花一起煮粥喝，做法是：准备扶桑花6克，干百合15克，粳米60克煮粥。常喝有止咳化痰的功效，比较适合支气管炎等症。

扶桑花治疗腮腺炎的功效比较显著，下面介绍一款扶桑瘦肉粥，其有清热解毒，生津止渴的功效，适合腮腺炎患者食用。

具体做法是：准备粳米100克，扶桑花10克（干品），瘦肉30克，盐、淀粉各少许。将扶桑花用冷水漂洗干净，

浸泡片刻，备用；粳米淘洗干净，浸泡半小时；瘦肉洗净切丁，用淀粉腌制15分钟；将粳米和扶桑花一起放入锅中，加入约1000毫升水，先用大火煮沸，加入瘦肉转小火煮至熟，加入盐即可。

此外，扶桑花可以将空气里有毒的苯及氯气吸收掉，房间里栽植或摆设扶桑花，对净化房间里的空气很有效果。

扶桑瘦肉粥

🌸 养花必知

扶桑花的枝叶扶疏，叶片似桑，故名"扶桑"，被誉为"中国蔷薇"，既娇美色艳，又具有牡丹的富丽姿态。全年可开花，但是属夏秋开得最为绚烂，花期较长，所谓"扶桑鲜吐四时艳"。扶桑花是著名观赏花木，适于南方庭院、墙隅栽植。如果是盆栽的话，适宜放在有阳光照射的窗台和阳台。

扶桑花宜在阳光充足、通风的场所生长，不耐阴；喜温暖不耐寒霜，生长适温为15~20℃，冬季温度不低于5℃；对土壤要求不严，但在肥沃、疏松的微酸性土壤中生长最好；喜湿润气候，日

常护理时需每天浇水，在天气炎热的夏天除了要早晚各浇一次，还要给它的花叶洒些水保湿；此外每周还要给扶桑花施1次薄肥；大多用播种和扦插繁殖。

扶桑花的修剪方法如下：

（1）当扶桑花小苗长至20厘米高的时候，可以采取首次摘心处理，以促进其下部萌生腋芽。在基部发芽成枝期间，挑选并留下生长强度相当、分布均匀的3～4个新枝，之后把剩下的腋芽抹掉，令营养成分集中供应给留下的枝条。

（2）由于扶桑花的花朵长在枝条的顶端，因此春天移出室内前非常有必要进行重剪，通常结合更换花盆进行。在重剪的时候，每个侧枝茎部只需要留存2～3个芽，之后把上部枝条、病虫枝及稠密枝都剪掉。

药用小偏方

◎**肺热咳嗽：**
扶桑花、栀子、麦冬各10克，水煎服。

◎**痢疾：**
扶桑花、黄芪各10克，铁苋菜30克，水煎服。

◎**急性结膜炎：**
扶桑花15克，金银花30克，水煎服。

水仙花
——清热止痛、祛风散结

水仙花又称凌波仙子、金盏银台、落神香妃、玉玲珑、金银台等，原产于我国浙江福建一带，现已遍及全国和世界各地，为石蒜科水仙属多年生草本植物。

去火防燥，花草送清凉

水仙色、香、姿、韵不仅给人精神上的愉悦，还有一定的环保价值，它能吸收二氧化碳、一氧化碳、二氧化硫、氟化氢等有害气体，并转化成对人体有益的成分。

水仙花的花及鳞茎是防病治病、养生保健的药物，其以鳞茎入药，有一定的抗癌作用。可消肿解毒、清热止疼、祛风散结，治疗疮毒痈肿、腮腺炎。但水仙花的叶和花的汁液可使皮肤红肿，如果较大量地食用其球茎，会有温和的毒性，所以此花只能外用。因为它的根茎和洋葱有些相似，所以千万不要误食。如果患了急性腮腺炎，可以取水仙鳞茎适量，捣烂，外敷腮腺部位。水仙花一般在1~2月采花，6~7月采鳞茎，洗去泥沙，开水烫后，切片晒干或鲜用。

水仙花的功用主治祛风除热，活血调经。《本草纲目》记载水仙："去风气"；《现代实用中药》记载水仙："治妇人子宫病，月经不调。"常用方法与用量为：内服，4~7.5克，煎汤；或入散剂；外用：捣烂外敷。如治疗无名肿毒，取水仙花根、野蔷薇、芙蓉叶、芭蕉根各适量，共捣烂，取汁敷患处。即使四味药材找不齐，任用其中一二味也有相当的疗效。如乳痈初起可取水仙花根捣烂，加少许食盐、适量陈醋搅匀，外敷，干后即换，效果明显。

水仙花还可以祛风醒脑，润泽肌肤，宁心除烦。每个人都有生活不如意的时候，来自生活和工作的各种压力，使得人们精神紧张，常常心烦不宁，要是家中养一盆洁白灵气的水仙，欣赏凝姿约素，秀丽喜人的娇姿，闻着其散发出的淡淡清香，让人顷刻便能静心除烦，心情愉悦。

水仙花的全株都有毒，其鳞茎的浆汁中含有拉可丁毒素，毒性比较大，误食之后会产生呕吐、腹部疼痛的症状。

水仙花

水仙花的叶片及花朵的汁液皆有毒，接触后会导致皮肤红肿，特别需要留意的是不可让这种汁液进入眼睛里。若人们不慎误食它的叶片及花朵的汁液，则会出现呕吐、腹部疼痛、手脚发冷、出冷汗、脉搏快且微弱、呼吸不规律、体温升高、昏睡、虚脱等症状，严重的还会出现痉挛，甚至中枢麻痹而死。

水仙花除了有比较高的药用价值和观赏价值外，还有净化空气的作用，抵抗空气里的污染物的能力非常强。它可以把一氧化碳、二氧化碳、二氧化硫等吸收掉，还可以把氮氧化物转化成植物细胞蛋白质，并被其自身所用。此外，水仙花清淡的花香可以调节情绪，使人精神愉悦，并可以减少房间里的异味。在种植期间，要尽可能地防止过多接触，在接触水仙花后需马上清洗双手。家里有儿童的更要多加留意，防止其不小心误食。

🌸 养花必知

水仙为我国十大名花之一，有着祝贺

新春如意、福寿吉祥的寓意。每逢新春佳节，家家户户都喜欢栽几盆水仙花，作为"岁朝清供"的年花。它亭亭玉立，洁白素雅，被誉为"凌波仙子""空谷佳人"。在隆冬百花凋零的时刻，它却郁郁葱葱，若置于客厅，定能满室生辉，放在餐桌、书房都比较合适，因为水仙花有提神醒脑的作用，可以提高工作效率。

水仙花性喜阳光，白天水仙花盆要放置在阳光充足的向阳处给予充足的光照；喜温暖，适宜温度为5~20℃，以疏松肥沃、土层深厚的冲积沙壤土为最宜，一般水养较多；3~4天换一次水，每次换水时加点营养液即可；大多用分株法繁殖。

水仙花经常发生的病害为线虫病、叶枯病及褐斑病等。

（1）在种植前用40℃的0.5%福尔马林液将鳞茎浸泡3～4小时就能预防线虫病的发生。

（2）叶枯病在发病之初，用60%代森锌可湿性粉剂1500倍水溶液喷施就能进行治理。

药 用 小 偏 方

◎**头痛：**
水仙花2克，菊花5克，沸水泡饮。

◎**月经不调：**
水仙花4克，当归9克，甘草3克，水煎服。

◎**经期头痛：**
干水仙花、菊花各10克，沸水泡饮。

◎**痢疾：**
水仙花3克，白糖适量，沸水泡饮。

去火防燥，花草送清凉

马齿苋

——消炎杀菌，散血消肿

马齿苋又称马苋、五行草、长命菜、五方草、瓜子菜、麻绳菜、马齿菜，原产于我国，花期5～8月，果期6～9月，为马齿苋科马齿苋属一年生草本植物。

马齿苋为药食两用植物，其全草可入药，有清热解毒、散血消肿、消炎止痛的功效，主治痢疾、疮疡、肾炎、乳腺炎、小儿疳积、中暑、吐血等症。

马齿苋的一个主要药用功能就是杀菌消炎，对痢疾杆菌、伤寒杆菌和大肠杆菌有较强的抑制作用，可用于各种炎症的辅助治疗，素有"天然抗生素"之称。举一个具体的实例，夏日炎炎，人们很容易中暑，而中暑的常见现象就是上吐下泻，除了用常规药物治疗之外，还可用马齿苋来救急，可取家里的鲜马齿苋30克，水煎服。

马齿苋

马齿苋是一个抗痘战士，因有其抗菌消炎作用，故可治疗湿疹皮炎、脓疮、痘痘性肌肤等，可把马齿苋草捣碎榨成汁直接涂在患部，待汁干后洗下即可。马齿苋一般在夏、秋采收全草。

马齿苋是一种常见好活的蔬菜，人们喜爱它，并不仅因为其味道鲜美，更因其丰富的营养价值，含有较多的蛋白质、糖类、微量元素、维生素，被誉为长命菜。

马齿苋因其显著的食疗作用，深受人们青睐。针对不同病症有着不同的食疗方法，比如说马齿苋茶有清热利湿、止泻的功效，做法是：取马齿苋30克，绿茶10克，水煎加适量白糖调味后即可饮用。此茶适用于急性菌痢、流行性腮腺炎等症。

马齿苋熬粥有清热解毒、调理肠胃的功效，方法就是取马齿苋60克，粳米100克，放在一起熬粥，喝之可有效治疗血痢、肠炎、丹毒等症。因马齿苋还含有较多的胡萝卜素，因此常饮此粥能促进溃疡病的愈合。

马齿苋藕汁饮有清热止血、利尿止痢的功效。做法是：取马齿苋汁、藕汁各 500 毫升，适当加一点白糖调味，就可以饮用了。藕有清热凉血的功效，和马齿苋配合，适用于尿血便血等症。

马齿苋是降低血压的能手，因其含有大量的钾盐，不仅有良好的利水消肿作用。而且钾离子还可直接作用于血管壁上，使血管壁扩张，阻止动脉管壁增厚，从而起到降低血压的作用。因为它含有丰富的去甲肾上腺素，能促进胰岛腺分泌胰岛素，调节人体糖代谢过程、降低血糖浓度、保持血糖恒定，所以对糖尿病还有一定的治疗作用。

马齿苋还能防治心脏病，它含有一种丰富的 Y-3 脂肪酸，能抑制人体内血清胆固醇和甘油三酯酸的生成，帮助血管内皮细胞合成的前列腺素增多，抑制血小板形成血栓素 A_2，使血液黏度下降，

马齿苋藕汁饮

促使血管扩张，可以预防血小板聚集、冠状动脉痉挛和血栓形成，从而起到防治心脏病的作用。

🌸 养花必知

马齿苋叶形似马齿，肥厚多汁，是一种很有生命力的植物，常生在荒地、田间、菜园、路旁，也可以移植回家，在阳台种植，不仅雅致，而且安全、卫生，采食方便。

马齿苋生命力极强，喜阳光充足；且喜温暖，20℃以上生长最佳；耐瘠薄，但在较荫湿肥沃的土地上植株生长更加肥嫩粗大；喜湿润，夏季要勤浇水；无须施肥，一般用播种繁殖，也可以用其茎段或分枝扦插繁殖。

药 用 小 偏 方

◎肠炎：
马齿苋 60 克，地榆、黄檗各 15 克，半支莲 30 克，水煎服。

◎尿道炎：
马齿苋 60 克，生甘草 6 克，水煎服。

◎肺结核：
马齿苋 250 克，大蒜头 1 个，水煎服。

◎肺热咯血：
马齿苋 60 克，白茅根 30 克，仙鹤草 20 克，水煎服。

◎急性阑尾炎：
马齿苋、白花蛇舌草、蒲公英各 60 克，水煎服。

去火防燥，花草送清凉

马蹄莲

——清热解毒，净化空气

马蹄莲又称野芋、海芋、水芋、一瓣连、观音莲，原产于非洲南部的河流或沼泽地中，为天南星科马蹄莲属多年生草本植物。

马蹄莲净化空气的作用很强。住宅是多种污染源的集中之处。有毒物质通过人体的皮肤和呼吸道，侵入人体血液，会导致人体免疫力下降，有些挥发性物质还有致癌作用。所以，种植一盆马蹄莲对家人的健康是有好处的。

马蹄莲可以分解毒素，它能在空气中产生自由基，在超氧化物的活性作用下，可以分解空气中的霉、甲醛、乙醛、细菌或真菌释放出的毒素等，并将其分解为无公害的二氧化碳和水。在循环反复的过程中，净化空气。此外，还有吸尘减噪、调节室内温湿度，调节室内小环境等作用，可以令居室环境清新洁净。

虽然马蹄莲没有吊兰那么出众的作用，但是依然不可忽视其药用作用。具有清热解毒的功效，而且把新鲜马蹄莲块茎适量捣烂外敷也可以治疗烫伤及预防破伤风，但是切记不可以内服。

养花必知

马蹄莲的花，形态别致，如倒置过来，恰似马蹄，故有"马蹄莲"之称。因为花期长，能净化空气，马蹄莲特别适合放置于家中，成为装饰客厅、书房的花

开宠儿，颜色淡雅是马蹄莲独特的地方，也是值得欣赏的地方。把一盆马蹄莲摆放在家里，作为一道亮丽的风景，也让人感觉很舒服，在释放氧气的不断循环中让你心情舒畅，变得平静。

马蹄莲稍耐阴，冬季需充足的光照；喜温暖，不耐寒，生长适温20℃左右；喜疏松肥沃、腐殖质丰富的砂质土壤；对水分要求比较高，应经常保持盆土湿润，但是在冬季天冷时应少浇水，以免冻坏根茎，在马蹄莲开花期间要向周围喷洒水分；大概15天施肥一次即可；通常在春秋两季进行扦插、分株繁殖。

马蹄莲

豆瓣绿

——缓解疲劳效果好

豆瓣绿又称一炷香、岩豆瓣、豆瓣草、豆瓣如意，原产于委内瑞拉，为胡椒科胡椒属多年生草本植物。

豆瓣绿的叶子翠绿欲滴，十分养眼，在工作压力大或学习疲劳的时候，看看这一抹绿意，可以让人精神舒畅、疲劳顿消。

豆瓣绿是去除苯、二甲苯的好手。众所周知，苯、二甲苯对人体的危害很大，会刺激眼及呼吸道，高浓度的二甲苯对中枢神经有麻醉作用。油漆是苯、甲苯、二甲苯的主要来源。苯还在各种建筑装饰材料的有机溶剂中大量存在，比如装修中俗称的天那水和稀料，主要成分都是苯、甲苯、二甲苯。如果装修房子，难免会与油漆打交道，如果家里放几盆豆瓣绿，就能对甲醛、二甲苯、二手烟等有一定的净化作用，减少这些化学物质对身体的危害。此外，它防辐射的效果很好，可以为身体搭建一个绿色屏障。

净化功能	有害成分简式
去除苯	C_6H_6
去除二甲苯	CH_{10}

除了净化空气、消除疲劳之外，豆瓣绿的药用作用也不能忽视，可舒筋活血，祛风除湿，化痰止咳，主治风湿筋骨痛，跌打损伤，疮疖肿毒，咽喉炎，口腔炎，痢疾，水泻，宿食不消，小儿疳积，劳伤咳嗽，哮喘，百日咳等。而且内服和外用都可，内服的话，可煎汤、浸酒或入丸、散；外用可取适量鲜品捣敷或绞汁涂，亦可煎汤熏洗。

🌸 养花必知

豆瓣绿绿葱浓密，可美化环境、净化空气，置于房中能帮助人放松心情、松弛神经、缓解疲劳。

豆瓣绿忌阳光直射，宜在半阴处生长；喜温暖，生长适温25℃左右，最低不可低于10℃，不耐高温；喜疏松肥沃、排水良好的湿润土壤；喜湿润，5~9月生长期要多浇水，天气炎热时应对叶面喷水或淋水，以维持较大的空气湿度；每月施肥1次，直至越冬；通常在春秋两季进行分株繁殖。

豆瓣绿

迷迭香
——愉悦身心的除虫剂

迷迭香又称海洋之露，原产于地中海沿岸丘陵地带，花期在春夏两季，为唇形科迷迭香属常绿多年生灌木。

压力大，花草来减压

迷迭香以令人心情愉悦的香气著称，它散发的气味持久弥香，让人神往。在工作了一天之后回到家里，闻着淡淡的香气，看着淡蓝色的小花，仿佛置身在芳香的花海，让人心情放松，疲劳顿消。

迷迭香有一定的食用价值，有种类似于松木香的气味，且香味浓郁，吃起来甜中带有苦味。在西餐中是很著名的香料，使用频率很高。比如牛排、土豆等料理以及烤制品中都会用到。下面介绍一款助消化、增食欲的香烤牛排。

做法是：牛小排3片，迷迭香少许，蒜仁3瓣，洋葱一半，迷迭香酒1小匙，酱油2大匙，沙拉油3大匙，黑胡椒粉1/4小匙。将牛小排洗净；蒜仁切末；洋葱切小块备用。牛小排加入蒜末、洋葱块与腌料腌1小时以上。将腌好的牛小排放入烤箱，以200℃烤约10分钟，端出来之后撒上准备好的迷迭香。

迷迭香不仅保健功效很多，还有一定的药用价值，可强化肝脏功能，降低血糖，有助于动脉硬化的治疗，助麻痹的四肢恢复活力。还具有强壮心脏、促进代谢、促进末梢血管的血液循环等作用。它的香味还可以促进头皮血液循环，刺激毛发再生，改善脱发的现象，减少头皮屑的产生。迷迭香对消化不良和胃痛均有一定疗效，因此食欲不振和消化不好的人可以常吃，症状会有所改善。头痛、神经痛易反复发作的是困扰人们的顽疾，许多药物都拿它没办法，但是迷迭香却有神奇的缓解头痛的功效，对头昏晕眩及紧张性头痛也有良效。另外，如果身边的人因饮酒过度而疲劳、头痛、口渴、眩晕、胃病、恶心、呕吐、失眠、手颤和血压升高或降低的话，此时冲上一杯迷迭香茶，可有效缓解宿醉。

迷迭香具有镇静安神、提神醒脑的作用，浓烈的芳香能刺激神经系统，改善语言、视觉、听力方面的障碍，促成

迷迭香

注意力集中，改善记忆衰退现象，被视为增长记忆、恢复青春的好帮手，因而需要大量记忆的学生不妨多饮用迷迭香茶。但是绝对不可以在临考前大量使用，否则会导致中毒。迷迭香茶的做法是：取适量迷迭香将其捣碎放入杯中，加入冰糖，用开水浸泡后饮用，每天2～3次。此茶不仅能镇静安神、提高记忆力，而且还有镇静、利尿作用，也可用于治疗失眠、心悸等多种疾病。

迷迭香可随采随用，非常方便。迷迭香捣烂敷用还可以治疗外伤、风湿痛和关节炎。采2~3片叶子放入口中咀嚼，还可消除口臭。迷迭香那芳香的气味还是很好的除虫剂，能驱赶虫蚊，杀菌消毒。注意高血压患者及孕妇不适合使用迷迭香。

迷迭香能够散发出一种独特的香气，同时还能持续挥发精油，能起到杀菌、抗病毒的作用。若在室内放上一盆迷迭香，不仅香气四溢，还能够大大减少空气中的细菌和微生物。

迷迭香的花、种子有帮助睡眠、防止掉发的功效，同时还具有一定的杀菌抗病毒效用；迷迭香制剂在妇科中可用作催经药，对更年期的神经紊乱所引起的月经过少或停经，可用此加速月经来潮。烹饪时放入少许叶片，可去除鱼腥味；鲜草可泡茶、沐浴、去汗清爽提神；鲜花蒸馏后可生产芳香油，世界上第一种香水——匈牙利水就是用迷迭香提取的。

迷迭香茶

🌼 养花必知

迷迭香有着青草一样的清凉气味和甜樟脑的气息，稍带刺激性，从古代起就被用来加强记忆，所以很适合放在书房，其独特的香味可以使人奋发向上。迷迭香有助于激发正面的、向上的、前进的、积极的工作气氛，特别是团队工作，让员工在一种"受宠"与"受尊重"的香氛下，更能有强大的发挥能力，所以迷迭香特别适合摆放在办公室。同时，还能激发员工的创造力，让灵感如泉水般涌来，提高工作效率。

迷迭香性喜阳光充足和通风良好环境；喜温暖，耐寒冷，生长适温为8~28℃；以排水良好、含有石灰的沙质土为最好；耐干旱，日常管理掌握"见干见湿"原则；生长期每月施1次稀薄液肥即可；可用扦插和播种繁殖。

压力大，花草来减压

桃花

——让人心态平和，幸福倍增

桃花又称玄都花，原产于我国中部、北部，现已在世界温带国家广泛种植，每年阳春三月，春暖桃花开，为蔷薇科李属植物落叶小乔木。

桃花代表春天，也是爱情和一切美好事物的象征，而且桃花浅淡的颜色让人心态平和，帮人以更细腻的视角看待世界，增强幸福感。春天伊始，桃花盛开，令人心情愉悦，精神振作。

桃树有很高的药用价值，其桃花、桃仁、树胶及桃树的茎叶、根皮均可入药。桃花有泻下通便、利水消肿的功效，主治水肿、痰饮、二便不通、闭经等症；桃仁有破瘀行血、润燥滑肠的功效，主治痛经、闭经、跌打损伤、瘀血肿痛、肠燥便秘、急性阑尾炎、高血压等症；桃叶有杀虫止痒、清热解毒的功效，主治阴道滴虫、湿疹、疟疾等症；桃胶有和血、益气、利水、止痛的功效，主治

桃花

糖尿病等症；桃根、桃茎皮有清热利湿、活血止痛的功效，主治风湿性关节炎、腰痛、丝虫病等症。桃花一般在三四月份采摘，桃花初开时采摘，药效最好，阴干备用。

桃花不仅可以食用，还可以药用，可以治病。这一点我国古代医书上很早就有记载，据《唐本草》载：桃花"主下恶气，消肿满，利大小肠"；《名医别录》则认为"桃化味苦、平，主除水气，利大小便，下三虫"。《本草纲目》曾记载了这样一个故事：有一个美貌少妇，因丈夫壮年早亡而悲伤过度，便发了狂，久治不愈，后来去花园散步，见桃花开得好看，便爬到树上把桃花都吃光了，之后狂泻数日，但是疯狂症便从此好了。

大家一定很奇怪，这到底是什么原因呢？其实是因为桃花有"泻下利水、消瘀结散"的功效。而狂症多由七情失调，气血郁滞，以致成瘀化火、上蒙心窍所致，少妇误食大量桃花，将体内的瘀血、郁火一起泻下，自然就好了。

"桃之夭夭，灼灼其华"，桃花自古以来就和女子相联系，"面若桃

花""人面桃花"等是对女子姣好面容的赞美。其实从中医角度来讲这些赞美也是不无道理的，据现代药理学研究发现，桃花中含有丰富的山柰酚、香豆精及多种维生素和微量元素等，具有改善血液循环，供给皮肤营养和氧气，滋润皮肤，防止色素沉淀，能有效地清除雀斑、黄褐斑等，是爱美女士的福音。如果是新鲜的桃花，一般是将桃花捣烂取汁涂于面部；如果是阴干的桃花，则可以将其研成粉末，然后加蜂蜜调和敷于面部。也可以调制桃花白芷酒，做法是：取桃花250克，白芷30克，浸入白酒中，密封20天后即可饮用。此酒有活血通络、润肤祛斑、和颜悦色的功效。

桃花白芷酒

◎糖尿病：
桃树胶10克，玉米须、枸杞根各30克，水煎服。

◎哮喘：
桃仁、杏仁、白胡椒各6克，生糯米10粒，共研为细末，用鸡蛋清搅匀，外敷脚心和手心。

◎便秘：
桃仁、柏子仁、火麻仁、松子仁各等份，水煎服。

◎久痢：
桃花15朵，水煎服。

◎风热头痛：
桃叶适量，食盐少许，共捣烂敷太阳穴。

养花必知

桃花的花语是爱情的俘虏。在我国，桃花一直以来都离不开爱情两个字，人们常说桃花运，就是因为桃花能给人带来爱情的机遇，有了桃花的祝福，相信你会很快拥有自己的爱情。桃树可在大一点的庭院培植，春天赏桃花，秋天吃美味的桃子。如果制成盆景，可放在客厅、玄关等处。

桃树喜充足阳光；喜温暖，生长适温为15~25℃；土层疏松、排水透气性能好、富含有机质的沙性土壤比较适合桃树生长；耐旱，畏涝，掌握不干不浇，浇时要适量的原则，防止积水造成烂根；生长期每月施1次复合肥；常用分株和扦插繁殖。

雏菊

——安心静神，缓解疲劳

雏菊又称延寿菊、春菊，原产于欧洲，是菊科雏菊属的多年生早春草本花卉。

雏菊不仅秀雅端庄，十分惹人喜爱，而且还可以净化空气。在家里放上一盆雏菊，它可以通过光合作用，吸收二氧化碳和其他有害气体，释放出干净的空气，家人身体健康了，家里自然会充满着幸福和喜悦。

雏菊含有挥发油、氨基酸和多种微量元素，而雏菊中黄铜的含量要比其他的菊花高32%~61%，其中锡的含量比普通菊花要高8~15倍。小小的雏菊拥有很高的药用价值。有散风清热、平肝明目的功效，常用治疗于风热感冒，头痛眩晕，目赤肿痛，眼目昏花。雏菊还

雏菊

具有收敛和止血的效果，能增强毛细血管抵抗力，有抗炎强身作用。雏菊还能提高记忆力，增强认知水平。

这种名不见经传的小花有着非凡的美白功效。因为雏菊内含丰富的香精油、菊色素，能有效抑制皮肤黑色素的产生，柔化表皮细胞，从而达到良好的美白效果。如果你对你脸上的皮肤不满意，比如说黑色素积淀、肤色暗哑、敏感、红斑、干性、湿疹、蜕皮、斑痕等，不妨适当饮用一点雏菊茶。雏菊茶冲泡起来和其他花茶一样，取适量阴干的雏菊，然后放入水杯里用沸水泡上几分钟，也可以适当加入冰糖调味，秀气的雏菊开在水里，也是异常美丽。

🌷 养花必知

雏菊可以摆在茶几、书房、卧室，优雅别致，洋溢着幸福的味道。

雏菊喜光；喜阴凉，生长适温为7~15℃；土壤以肥沃、疏松、排水良好的砂质土壤为宜；喜湿润，冬季要每2~3天浇一次水；生长期每半个月施腐熟液肥1次；通常在秋季用播种或分株法繁殖。

第三章

净化空气，花草当家

　　花卉有着独特的净化空气功能，有些花草是居室里的检测器，可以让人及时发现污染的存在，有些花卉可以清除装修后的污染，让人们在新居里生活无后顾之忧，有些花卉则能有效清除烟雾粉尘，为家人的健康保驾护航。

牡丹

——臭氧的监测器

牡丹又称白茸、木芍药、百雨金、洛阳花、富贵花等，原产于我国西部秦岭和大巴山一带山区，为芍药科芍药属多年生落叶小灌木植物。牡丹是我国特有的木本名贵花卉，牡丹素有"国色天香""花中之王"的美称，长期以来被人们当作富贵吉祥、繁荣兴旺的象征。

牡丹是臭氧的监测器，臭氧属于有害气体，浓度高的话会对眼、鼻、喉有刺激作用，出现头疼及呼吸器官局部麻痹等症。而牡丹能够对臭氧进行监测。如果空气里的臭氧含量高于1%，牡丹的叶片上面便会呈现出斑点。把牡丹种植在庭院，如果发现臭氧浓度过高，可尽量避免外出。牡丹的叶色会由于遭受污染程度的不一样，而出现不一样的颜色，比如红褐色、浅黄色及灰白色等。另外，它还可监测光、烟、雾等污染。牡丹花大色艳，还能激发人的创造力，活跃思维，减轻疲乏，振奋精神、提高工作效率。

牡丹不仅可以检测污染，而且还具有很高的药用价值。牡丹的花和根皮均可入药，从牡丹花中提取的芳香油，可以药用和食用，将牡丹的根加工制成"丹皮"，是名贵的中草药。其性微寒，味辛，无毒，入心、肝、肾三经，有散瘀血、清血、和血、止痛、通经的作用，还有降低血压、抗菌消炎的功效，久服可益身延寿。还适用于面部黄褐斑、皮肤衰老。牡丹

花一般于每年4~5月盛开，选晴天采摘，置于通风处阴干备用。

早在宋代就有食用牡丹花的记载，下面看看用牡丹花泡酒的制作方法：取牡丹老根适量，采用浸渍、渗漉、回流等手段，提取有效成分，同人参、鹿茸、枸杞、蜂蜜、蔗糖，以及经过蒸馏处理过的牡丹花瓣，调制一下，就可以饮用

牡丹

了。牡丹花酒有轻身健步、明目安神、降低血脂等功效。牡丹花泡制的茶饮也有保健功效，常饮活气血润肺脏，容颜红润，改善月经失调、痛经，有止虚汗、盗汗的作用。但是孕妇及月经过多者慎服。

牡丹有净化功能、药用功能，其实还有很高的食用价值，牡丹花含有人体所需的多种氨基酸、微量元素和维生素。牡丹花和银耳放在一起做汤，有滋阴补气之功效。做法是：取白牡丹花 2 朵，水发银耳 25 克，再加适量调料把银耳熬化即可，适合女士饮用。

🌼 养花必知

牡丹花雍容华贵，花姿典雅，枝叶秀丽，国色天香，栽植在庭院、花坛、阶前，娇艳夺目，明媚动人；盆栽可以放在阳台、客厅，端庄大方，富贵逼人，

牡丹银耳汤

令蓬荜生辉；也可以取花枝插在瓶中摆放在玄关、镜子两侧，妩媚多姿，可增添华贵气氛。为了在装饰造型上使盆栽牡丹更为优美、古朴高雅，可在花行将开放时，将彩陶、瓷盆套在原瓦盆外边。然后放在宽敞明亮的大厅或正堂中的精制盆架或案几上，更能体现出牡丹的姿容华贵。

牡丹性喜光，也较耐阴，但是夏季要避免暴晒；喜温凉，较耐寒，不耐高温，生长适温为 13~25℃；土壤要选择肥沃、疏松透气、排水良好的中性沙质土，忌碱性和黏性土；春秋要多浇水，但是不能积水；生长期每个月施复合肥即可；如需繁殖可在秋季进行，以分株和播种为主。

药 用 小 偏 方

◎**高血压：**
牡丹皮 30 克，水煎服。

◎**过敏性皮炎：**
牡丹花 6 克，浮萍 5 克，水煎服。

◎**急性荨麻疹：**
牡丹皮、赤芍、连翘、地肤子各 9 克，蝉蜕 5 克，浮萍 3 克，水煎服。

◎**月经不调：**
牡丹花 3 克，水煎服。

◎**流感、扁桃体炎：**
牡丹皮、夏枯草、大青叶各 15 克，赤芍 10 克，水煎服。

室内有污染 花草能监测

一串红

——有效监测氮氧化物

一串红又称炮仗红、象牙红、西洋红，原产于巴西，我国各地广泛栽培，花期7月至霜降，果熟期10~11月，为唇形科鼠尾草属一年生草本植物。

一串红可以有效监测空气中氮氧化物的浓度。氮氧化物会刺激肺部，降低人体对病毒的抵抗力，容易引起呼吸系统疾病，尤其是呼吸系统已经有问题的人士如哮喘病患者，会更容易受二氧化氮影响。对儿童来说，氮氧化物可能会造成肺部发育受损。所以当空气中氮氧化物污染严重时会对人体造成非常大的危害，而一串红对氮氧化物非常敏感，污染严重时花和叶子就会萎缩，从而提醒人们需要快速清除污染。

火红的一串红还有很高的药用价值，其全草入药，有清热解毒、消肿散结的功效。主治疮痈疔肿、肺结核、咯血、吐血、跌打损伤、骨痛等症。一串红一般在秋季采全草，鲜用或晒干备用。

那么什么是痈疮呢？就是局部表面中央有多个脓栓，破溃后呈蜂窝状，有脓血分泌物。痈疮容易向四周及深部扩散，疼痛也较剧烈。多数患者有明显的全身症状，如畏寒、发热、头痛、食欲不振、白细胞增加等。这时就可以用一串红来敷一下，症状就会有所减轻。

🌼 养花必知

一串红盆栽适合布置在大型花坛、花境，景观效果特别好。矮生品种盆栽，用于窗台、阳台美化和屋旁、阶前点缀，娇艳色彩，给环境增添热烈、奔放、喜庆的气氛。

一串红喜阳光充足，但夏季要适当遮阳；喜温暖，畏寒冷，适生温度为20~25℃，气温5℃以下，叶子会逐渐变黄脱落；一串红适应性较强，但在疏松、肥沃、排水良好的土壤中生长良好；喜湿润，生长期要保持盆土湿润；喜肥，生长期每月施一次腐熟液肥；可在春秋两季进行扦插和播种繁殖。

一串红

百日草

——二氧化硫的监测者

百日草，别名百日菊、对叶菊、火球花、步步高，为菊科百日草属，为一年生草本植物。最初产自南美洲墨西哥高原，如今世界各地都有栽培。阿拉伯联合酋长国把它定为国花。

百日草能够对二氧化硫及氯气进行监测。若空气中的二氧化硫太浓，百日草便会由于缺少水分而枯萎，无法正常开花或无法开花；若百日草遭受到氯气的侵袭，其叶脉间被损伤的组织便会使叶面出现不定型的斑点或斑块，但是同正常叶组织的绿色叶面并没有清晰的分界线。

百日草中含有很多对人体有益的物质，在医药方面的价值是我们难以想象的，对于治疗一些疾病是很有效的。其味苦、辛；性凉，有清热，利湿；解毒。

主治湿热痢疾、淋证、乳痈、疖肿、感冒发热、口腔炎、风火牙痛等。内服：煎汤，用量一般为 15 ~ 30 克。外用：取适量鲜品捣烂外敷。一般春、夏季采收，鲜用或切段晒干。

🌺 养花必知

百日草花有红、粉、橙、黄、绿、白等色，有时具斑纹，或花瓣基部具色斑。百日草的花期很长，从 6 月到 9 月，期间花朵陆续开放，并且花的颜色始终保持鲜艳。因此，百日草象征着友谊天长地久。

百日草喜欢光照充足的环境，可全天接受太阳直射；生长期适宜温度是 15 ~ 30℃，适宜在北方栽植；能忍受贫瘠，然而在土质松散、有肥力、排水通畅、土层深厚的土壤中长得最好；能忍受干旱，怕积水，要以"不干不浇"为浇水原则，夏天由于蒸发量大，可每日浇一次水，但水量一定要小；能忍受贫瘠，可在开花期内应追施肥料，主要是追施磷、钾肥，以促使花朵繁茂、花色艳丽；采用播种法或扦插法都可进行繁殖，主要采用播种繁殖。

杜鹃

——对氨气非常敏感

杜鹃是我国十大名花之一，又称映山红、山石榴、山踯躅、红踯躅，原产于我国北部、西伯利亚及朝鲜、日本等地，它的花期在3~6月，果期5月至翌年1月，为杜鹃花科杜鹃属多年生木本植物。

大家都知道氨气对人体是有危害的，对眼和呼吸道黏膜有刺激作用，低浓度时主要有刺激症状：异味、眼痒、眼干、打喷嚏、咽喉干燥、流鼻涕等，高浓度时可产生炎症。而杜鹃花不仅能抗二氧化硫和臭氧等气体的污染，对氨气还很敏感，可作为监测氨气的指示植物。当空气中的氨气含量较浓时，它的花色就会变暗，植株甚至会枯萎。

净化功能	有害成分简式
监测氨气	NH_3
吸收二氧化硫	SO_2
抗臭氧	O_3

杜鹃除了有检测空气质量的作用外，还有较高的药用价值，全草可入药，其味甜，性温，主治月经不调、闭经、崩漏、跌打损伤、风湿疼痛、吐血等症。还能能降血脂、降胆固醇、滋肤养颜、去风湿、调经和血、安神去燥。白花有化痰止咳作用，紫花有散瘀止带作用。民间常用此花和猪蹄同煲，可治女性白带赤下。而且长期饮用还可令皮肤细嫩，面色红润，有美白和祛斑的功效。在杜鹃花初放的时候采摘花朵，夏季采叶，秋、冬季采根，晒干备用或鲜用。

月经不调是一种常见的妇科疾病，表现为月经周期或出血量的异常，或是月经前、经期时的腹痛及全身症状。血液病、高血压病、肝病、内分泌病、流产、宫外孕、葡萄胎、生殖道感染、肿瘤（如卵巢肿瘤、子宫肌瘤）等均可引起月经失调。其实美丽的杜鹃花就可以对付这种病症，可用杜鹃花10克，月季花5克，益母草20克，水煎服，病症即可有所缓解。

下面推荐一款杜鹃枸杞莲花茶，准备杜鹃花0.5克，玫瑰花6~7朵，枸杞子8~9颗，金莲花3朵，冰糖适量。把

杜鹃

除冰糖外的所有茶材放进茶具内，先加入少量热水冲洗茶材，之后倒掉水，保留茶材，放入冰糖，加入95℃左右沸水闷泡5分钟后即可饮用。这款茶具有养阴清热、和血调经、补血气、滋润养颜、润肺止咳、降脂降压等功效。不过孕妇及花粉过敏者要慎选。

还有一款杜鹃花白酒，治疗风湿痹痛有效。做法是：取杜鹃花100克，鲜品或干品均可，密封在500毫升白酒中，浸泡一周之后就可以饮用了，每次喝20~50毫升，每日1次，有风湿困扰的朋友不妨试一下，不仅味道甘爽，而且疗效不错。

杜鹃枸杞莲花茶

养花必知

杜鹃被誉为"花中西施"，能得此名获益于它出众的外形，它枝叶纤细，

药用小偏方

◎ **慢性支气管炎：**
紫花杜鹃的花和叶共60克，白酒500毫升，浸7日，每次服10~15毫升，日服2~3次。

◎ **肠炎：**
杜鹃花根10克，水煎服。

◎ **跌打疼痛：**
杜鹃花子研末1.5克，和酒吞服。

◎ **疗疮肿毒：**
新鲜杜鹃的枝头和嫩叶适量，捣烂如泥，敷于患处。

◎ **外伤出血：**
杜鹃花鲜叶捣烂，外敷伤口。

四季常绿、花繁色艳、烂漫如锦。白居易曾赞曰："闲折二枝持在手，细看不似人间有，花中此物是西施，鞭蓉芍药皆媄母。"杜鹃花深绿色的叶片很适合栽种在庭园中作为矮墙或屏障。把杜鹃花放在办公室内，也最适合不过，但是最好放在有阳光照射的窗边，花才能开得旺盛。

杜鹃花喜欢半阴忌暴晒；喜欢凉爽湿润的气候，在20℃左右生长最旺盛，30℃以上停止生长，处于休眠状态；适于生长在透水、透气的微酸性土壤中；浇水掌握见湿见干的原则，经常缺水会影响长势，浇水太多会烂根，造成死亡；喜肥忌浓肥；通常在春秋两季进行扦插、分株繁殖。

去除装修污染，花草是行家

吊兰

——去除甲醛之王

吊兰又称垂盆草、桂兰、钩兰、折鹤兰，西欧又叫蜘蛛草或飞机草，原产于南非，为百合科吊兰属多年生常绿草本植物。其叶腋中抽生出的匍匐茎，长可尺许，既刚且柔；茎顶端簇生的叶片，由盆沿向外下垂，随风飘动，形似展翅跳跃的仙鹤。故吊兰古有折鹤兰之称。花期在春夏间，室内冬季也可开花。

吊兰给人以赏心悦目、怡人心脾的感觉，它的生命力很强，只要有一点水土，就能生根发芽，并能清洁空气，给人们带来新绿和幽香，还可对抗有毒气体，对人们的健康十分有利。

科学实验表明，在含有有毒气体的室内，放几盆吊兰，12小时过后测定：室内一氧化碳、氧化亚氮和甲醛等一类的有毒气体减少了85%以上。可见吊兰有超强的有毒气体吸收功能。

净化功能	有害成分简式
吸收空气中的甲醛	CH_2O
吸收一氧化碳、过氧化氮	CO 、NO_3
分解致癌物苯、乙烯	C_6H_6、C_2H_4
吸收尼古丁	$C_{10}H_{14}N_2$

吊兰是吸收甲醛的专家，而新装修的房屋各种装修材料特别是油漆等涂料、沙发、窗帘、门、柜等都含有很多甲醛，所以应该多放几盆吊兰在装修过的房内，一盆吊兰在8~10平方米的房间内，就相当于一个空气净化器，它可在24小时内吸收掉86%的甲醛，并经过自身的新陈代谢，把甲醛转化为糖和氨基酸等物质。

吊兰还可以将室内电器、炉子、塑料制品、涂料等散发出来的一氧化碳、过氧化氮等有害气体吸收并输送到根部，再经过土壤里的微生物分解成无害物质，作为养料被吸收掉。还能够分解复印机、打印机所排放的苯、乙烯等致癌物质，并吸收香烟烟雾，吞噬尼古丁

吊兰

等有害物质，比较适合有吸烟者的家庭种植。

吊兰不仅可以强力去除装修污染，药用价值也很高，其全草均可入药，味甘、微苦、性凉，有滋阴润肺、清热化痰和止咳祛痰及活血的功效；还可以用来治疗发热感冒、肺热或是肺阴虚、咳嗽、吐血咯血等症；外敷可治跌打损伤、骨折、痈肿、痔疮、烧伤等。

我国中医中有许多吊兰的药用记载，据《岭南采药录》所载："凡患声嘶音哑，取全草煎服。又治妇人经闭。"故吊兰可治疗咽喉肿痛、耳窍脓水、牙齿疼痛及闭经等。据各有关文献记载，吊兰为无毒之品，所以可以放心试用，又易于栽培，四季常绿，故是欣赏、净化、药用共一体的佳品。

吊兰煎汁

🌸 养花必知

吊兰适应性强，是最为传统的居室

药 用 小 偏 方

◎**肺热咳嗽：**
吊兰 30 克，冰糖 20 克，用水煎服。

◎**慢性支气管炎：**
吊兰 15 克，金银花 9 克，百合 12 克，水煎服。

◎**吐血：**
吊兰、野马蹄草各 30 克，水煎服。

◎**咽炎：**
吊兰 15 克，水煎加适量白糖服。

◎**跌打损伤：**
吊兰根适量，捣烂敷患处。

垂挂植物之一，常常被人们悬挂在空中，被称为"空中仙子"。若将花盆悬挂于梁下、檐底、室内窗前、门旁，或置于阳台、栏杆之上，则与其他盆花可上下相映成趣。远视之，那悬动的丛丛新株，极似仙鹤展翅，荡荡乎大有凭虚御风之概，更加妙不可言。

吊兰喜半阴环境，可常年在明亮的室内栽培，但是要避免阳光直射；耐高温，但是适宜温度为 15℃以上，冬季越冬温度 4℃以上；日常养护管理时，盆土经常保持潮湿即可；在生长季节每两周施一次液体肥；一般用分株方法进行繁殖。

去除装修污染，花草是行家

铁线蕨
——新房必备的甲醛克星

铁线蕨又称铁丝草、少女的发丝、铁线草、猪毛七，原产于热带、亚热带，为铁线蕨科铁线蕨属多年生常绿草本植物。

铁线蕨是非常好的环保植物，对甲醛等有害气体有很强的吸收能力。最新研究表明：甲醛已经成为第一类致癌物质。甲醛会引起人类的鼻咽癌、鼻腔癌和鼻窦癌，并可引发白血病。轻者可引发胸闷、气喘、肺水肿等，所以目前甲醛是人们的健康公敌。而新房中的装修材料及新的组合家具和加入减水剂的水泥墙面都会造成严重的甲醛污染。除了通风洒水外，用植物除甲醛也是很好的方法，而铁线蕨就是去除甲醛的能手，每小时能吸收大约 20 微克的甲醛，因此被认为是最有效的生物"净化器"。

净化功能	有害成分简式
吸收甲醛	CH_2O
抑制二甲苯	C_8H_{10}
抑制甲苯	C_7H_8
吸收苯	C_6H_6
吸收尼古丁	$C_{10}H_{14}N_2$

其实打印机、电脑显示器等都是我们健康的无形杀手，不仅有很强的电磁辐射，还释放出二甲苯和甲苯等有害气体，长时间处于这种环境的人，久而久之就会受其危害，而身边放一盆铁线蕨，就能默默吸收这些有害气体，降低其浓度，从而改善周围环境的空气质量。另外，成天与油漆、涂料打交道的人，或者身边有喜好吸烟的人，会受到高浓度的苯、尼古丁等的危害，这些人应该在工作场所放至少一盆铁线蕨，以减少污染物对身体的伤害。

而且室内摆上一盆铁线蕨，还可使人心情放松，有助于提高睡眠的质量。

外形雅致的铁线蕨还有较高的药用价值，有清热利尿，散瘀止血，舒筋活络，祛风止血，生肌的功效，主治风湿瘙痹拘挛、半身不遂、劳伤吐血、呼吸道感染、肝炎、痢疾、泌尿道感染、

铁线蕨

鼻衄、咯血、呕血、便血、脚气、风湿骨痛、荨麻疹、手脚麻木等。外用治外伤出血、骨折、疮痈、小腿溃疡。铁线蕨最简单的治病方法就是煎汁饮用。经典医学书里很早就有记载，如《滇南本草》中说：铁线蕨"走经络，强筋骨，舒筋活络。半身不遂，手足筋挛，痰火痿软，筋骨酸痛，泡酒用之良效"。"捣敷久远臁疮，生肌；敷刀伤、跌打损伤，止血收口，能接筋骨。"铁线蕨四季可采，随采随用。

🌺 养花必知

铁线蕨淡绿色薄质叶片搭配着乌黑光亮的叶柄，显得格外优雅飘逸。因其茎细长且颜色似铁丝，故名铁线蕨。由于黑色的叶柄纤细而有光泽，酷似人发，加上其质感十分柔美，好似少女柔软的头发，因此又被称为"少女的发丝"。

在蕨类植物中，铁线蕨是栽培最普

铁线蕨煎汁

药 用 小 偏 方

◎ **糖尿病：**
铁线蕨 50 克，水煎，冰糖调服。

◎ **吐泻：**
铁线蕨 30 克，水煎服。

◎ **蛔虫：**
鲜铁线蕨 50~100 克，用水煎服。

◎ **治水肿：**
铁线蕨 100 克，用水煎服。

◎ **治乳痈，黄水疮：**
铁线蕨捣烂，敷于患处。

及的种类之一。其茎叶秀丽多姿，形态优美，株型小巧，极适合小盆栽培和点缀山石盆景；小盆栽可置于案头、茶几上；较大盆栽可用以布置背阴房间的窗台、过道或客厅，会使家居多了几分清新之感；如果放在卧室，还可使人心情放松，有助于提高睡眠质量。

铁线蕨喜阴，不耐阳光照射；喜温暖，生长适温为 15~24℃；喜疏松透水、肥沃的石灰质土砂壤土；生长季节浇水要充足，注意经常保持盆土湿润和较高的空气湿度，在气候干燥的季节，可经常在植株周围地面洒水，以提高空气湿度；每隔 2 周左右需施 1 次薄肥，促使其生长繁茂；通常在春秋两季进行扦插和分株繁殖。

虎尾兰

——天然的空气"清道夫"

虎尾兰又称虎皮兰、锦兰，原产于非洲西北，为龙舌兰科虎尾兰属多年生草本植物。

虎尾兰是天然的清道夫，可以清除空气中的有害物质。有研究表明，虎尾兰可吸收室内 80% 以上的有害气体，吸收甲醛的能力超强，在新装修的房屋中实用性尤为明显，并能有效地清除二氧化硫、氯、乙醚、乙烯、一氧化碳、过氧化氮等有害物。在 15 平方米的室内，摆放 2~3 盆金边虎尾兰，能吸收室内 80% 以上的有害气体。而且虎尾兰还能防辐射，放在居室里对人们的身体极其有益。

虎尾兰能使室内空气中的离子浓度增加。离子是一个化学概念，但是

净化功能	有害成分简式
吸收甲醛	CH_2O
吸收二氧化硫	SO_2
吸收氯	Cl_2
吸收乙醚	$C_4H_{10}O$
吸收乙烯	C_2H_4
吸收一氧化碳	CO
吸收过氧化氮	NO_3

空气中离子对健康的好处大家需要了解一下，离子可使大脑皮层功能及脑力活动加强，精神振奋，从而提高工作效率，还能使睡眠质量得到改善，使脑组织的氧化过程力度加强，从而使脑组织获得更多的氧。离子还能够显著扩张血管，解除血管痉挛，达到降低血压的目的，离子对于改善心脏功能和改善心肌营养也大有好处，有利于高血压和心脑血管疾患病人的病情恢复，它能使血流变慢、延长凝血时间，并使血中含氧量增加，有利于血氧输送、吸收和利用。

尤其是晚上，虎尾兰可以吸收很多二氧化碳，同时制造并释放出大量的氧气，能够提高房间里的负离子浓度。另外，它还可以吸收很多铀等放射性物质，

虎尾兰

可以强力消除苯酚、氟化氢、乙醚及重金属颗粒等。当室内有电视或电脑启动的时候，对人体非常有益的离子会迅速减少，而金边虎皮兰的肉质茎上的气孔白天关闭，晚上打开，释放离子，对人的身体健康非常有益。

同时离子还可以提高人的肺活量。经实验，在玻璃面罩中吸入空气离子30分钟，可使肺部吸收的氧气量增加2%，而排出二氧化碳量可增加14.5%。

虎尾兰堪称卧室植物，即便是在夜间它也可以吸收二氧化碳，放出氧气。六棵齐腰高的虎尾兰就可以满足一个人的吸氧量。在室内种植虎尾兰，不仅可以提高人们的工作效率，还能在夏季减少开窗换气、节省空调房的能源。

虎尾兰还有一定的药用价值，性凉，味酸，有清热解毒的功效，可治感冒、支气管炎、跌打损伤、疮疡等。内服、外用都可，内服的话可煎汤，常取25～50克，水煎服。外用，捣烂外敷即可。《陆川本草》就有相关的记载：虎尾兰"解毒，消炎。治跌打，疮疡，蛇咬伤"。而《广西中草药》也记载着：虎尾兰"清热解毒，去腐生肌。治感冒咳嗽，支气管炎，跌打损伤，痈疮肿毒，毒蛇咬伤"。虎尾兰全年均可采收，洗净鲜用或晒干。

养花必知

若是家庭盆栽管理得好，全株叶片可高1.2米以上。也开花，就是开花的

虎尾兰煎汁

概率很小，所以大家很难看到，花从根茎单生抽出，总状花序，花淡白、浅绿色，3~5朵一束，着生在花序轴上。在家居公寓、写字楼等场所，虎尾兰已经逐渐成为人们首选的环保植物。盆栽可以摆放在客厅、窗台、茶几书桌、卧室，显得清新高雅。

虎尾兰喜阳光，也耐阴；喜温暖，不耐严寒，秋末初冬入室，只要室内温度在18℃以上，冬季正常生长不休眠，不低于10℃可安全越冬；在排水良好的砂质土壤中生长健壮；耐干旱，忌水涝，晚秋和冬季保持盆土略干为好；春夏生长速度快，应多浇一些有机液肥；常用分株的方法繁殖。

绿萝

——绿色净化器

绿萝又称魔鬼藤、石柑子、竹叶禾子、黄金葛、黄金藤，原产于热带地区，为天南星科绿萝属常绿藤本植物。

绿萝是比较常见的绿色植物，它长枝披垂，摇曳生姿，生机盎然。绿萝还有极强的空气净化功能，有绿色净化器的美名。新铺的地板非常容易产生有害物质，而绿萝能同时净化空气中的氯、乙烯和甲醛，在新陈代谢中将甲转化成糖或氨基酸等有益物质。

环保学家发现，一盆绿萝在 8 ~ 10 平方米的房间内就相当于一个空气净化器，其净化空气的能力不亚于常春藤和吊兰，因此非常适合摆放在新装修好的居室中。同样可以分解由复印机、打印机排放出的苯，并且还可以吸收尼古丁。

净化功能	有害成分简式
吸收氯	Cl_2
吸收乙烯	CH_2
吸收甲醛	CH_2O
分解打印机中的苯	C_6H_6
吸收尼古丁	$C_{10}H_{14}N_2$

所以，无论是摆放在居室还是在办公室，绿萝都是一大净化空气的好手。

绿萝还能吸收厨房的异味，这其实也是净化空气的一方面，把绿萝放在厨房中，可以有效地吸收掉由于炒菜做饭引起的一些油烟味，让我们的厨房保持清新的空气。

绿萝不仅可以美化环境、净化空气，其实绿萝还是一种有益身体的药材。其主要功效表现在以下几个方面：

（1）降低血糖。平衡糖分在血液中的含量，有效地减少并阻止糖尿病并发症的发生。

（2）降低血脂。有效地降低血液中的胆固醇和甘油三酯的含量，达到血液清瘀的效果。

（3）有扩张血管与增进冠状动脉流量的作用，可软化动脉血管，治疗冠心病。

绿萝

（4）降低血压，平稳血压。有效地预防脑卒中和急性冠心病，以及严重的肾功能衰竭。有助于预防心脑血管疾病和其他非传染疾病。

（5）行气活血，抗菌消炎。对于血管炎症、高热惊风、咽喉肿痛很有效。

此外，绿萝对眼睛和肝脏还能起到很好的保健作用。可以饮用绿萝茶，方法是每日早晚摘取1~2片，用开水冲服，常饮对降"三高"很有好处。另外，绿萝还有活血散瘀的功效，取适量捣烂外敷可用于跌打损伤。

肥胖者、高血压、糖尿病、冠心病患者以及中老年人，平时也可以当茶水饮用。方法是每次喝时，不要一次喝完，留下三分之一杯的茶水，再加上新茶水，泡上片刻再喝。但是孕妇忌用，瘦弱体虚者慎用。

养花必知

绿萝是非常优良的室内装饰植物之一，攀藤观叶花卉，萝茎细软，叶片娇秀，极富生机。居室中适合放在家人最常待的地方，比如说客厅电视旁边和客厅的桌子上。另外，在家具的柜顶上高置套盆，任其蔓茎从容下垂，或在蔓茎垂吊过长后圈吊成圆环，宛如翠色浮雕。这样既充分利用了空间，净化了空气，又为呆板的柜面增加了线条活泼、色彩明快的绿饰，给居室平添融融情趣。

细心留意一下，我们可以发现，一般家庭的窗台上面摆放的植物都是绿萝，

绿萝茶

因为它的体积小，放在窗台刚刚好，既不会将窗台压坏，又不会挡住主人看窗外的优美风景。当外面风太大的时候它可以挡掉一部分风，如果没有风的时候它本身还会释放出新的氧气，让我们室内的空气变得清新，人也会变得有精神。无论在室内或者室外养上一盆绿萝，看到它翠绿欲滴的叶片，能给人一种审美上的愉悦感，让人身心舒爽。

绿萝喜散射光，忌阳光直射；喜温暖，生长适温15~25℃，越冬温度不应低于15℃；要求土壤疏松、肥沃、排水良好；盆土要保持湿润，应经常向叶面喷水，提高空气湿度，以利于根部的生长；旺盛生长期可每月浇一遍液肥；一般在5、6月份进行扦插繁殖。

油烟粉尘 花草来吸收

鹅掌柴

——尼古丁天敌

鹅掌柴又称手树、鸭脚木、小叶伞树、矮伞树，原产于澳大利亚、新西兰、印尼及我国台湾等地，为五加科鹅掌柴属常绿大乔木或灌木。

众所周知，香烟的烟雾对人体的危害很大，对吸烟者和非吸烟者都有危害，破坏人的肺部，刺激鼻、眼、喉等。而鹅掌柴能给吸烟家庭带来新鲜的空气，它的叶片可以从烟雾弥漫的空气中吸收尼古丁和其他有害物质，并通过光合作用将之转换为无害物质。另外，它还是吸收甲醛的高手，每小时能把甲醛浓度降低大约 9 毫克。

鹅掌柴还有药用价值，其根皮可入药，有驳骨止血、消肿止痛、发汗解表、祛风除湿的功效，主治风湿骨痛，伤积肿痛，治流感发热，咽喉肿痛。还可以捣烂外敷，治跌打、烧伤、跌打骨折、刀伤出血。

药用小偏方

◎ **红白痢疾**：
鹅掌柴皮去外皮，洗净，一蒸一晒，取 200 克，水煎服。

◎ **风湿骨痛**：
鹅掌柴皮 300 克，浸酒 500 克，每日服 2 次，每次 25~50 毫升。

🌼 养花必知

鹅掌柴宜盆栽，适宜布置在客厅、书房及卧室，春、夏、秋也可放在庭院庇荫处和楼房阳台上观赏。也可培育成多茎干的大中型盆栽摆设在较大空间中，如宾馆大厅、图书馆的阅览室和博物馆展厅，颇具热带丛林风光，同时可显现出自然和谐，一派大地新生和欣欣向荣的自然景象。

鹅掌柴喜半阴，忌阳光直射；生长适温 15 ~ 25℃，冬季最低温度不应低于 5℃；土壤以肥沃、疏松和排水良好的砂质土壤为宜；注意盆土不能缺水，否则会引起叶片大量脱落，冬季低温条件下应适当控水；生长季节每 1 ~ 2 周施 1 次液肥；常用分株方法进行繁殖。

鹅掌柴

虞美人

——监测硫化氢

虞美人又称丽春花、赛牡丹、满园春、仙女蒿、虞美人草，原产于欧亚温带大陆，在我国有大量栽培，现已引种至新西兰、澳大利亚和北美，为罂粟科罂粟属草本植物。

虞美人对有毒气体硫化氢的反应异常敏感，能够对硫化氢进行监测。当虞美人遭受硫化氢的侵害后，叶片就会变焦或出现斑点。

虞美人不但花美，而且药用价值高。其全草入药，含有丽春碱、丽春分碱、罂粟酸，花有镇咳的功效，果实在中药中称为"雏罂粟"，有镇咳、止痛、停泻、催眠等作用，其种子可抗癌化瘤，延年益寿。据《本草纲目》记载：花及根味甘、微温、有毒，主治黄疸。过去，欧洲人常用花煎水作止咳剂或加入蔗糖作镇咳剂。一般在4~6月采花，花谢后采全草，果实成熟后采果。

药用小偏方

◎**咳嗽：**
虞美人鲜花3~5朵，水煎服或开水冲泡，代茶饮。

◎**久咳不止：**
虞美人果实6克，水煎服。

◎**痢疾：**
虞美人干花1~3克（或鲜花15~30克，或鲜草15~30克，或干草9~15克），煎汤分2次服。

◎**腹泻：**
虞美人果2~6克，水煎服。

◎**腹痛：**
虞美人果5克，水煎服。注意，咳嗽或泻痢初起时忌服。

养花必知

虞美人可在自家庭院栽植，药用也比较方便，也可盆栽或做切花用，如果想做切花，要在花朵半放时剪下，立即浸入温水中，防止乳汁外流过多，否则花枝很快就会萎缩，花朵也不能全开。

虞美人生长期要求光照充足，每天至少要有4小时的直射日光，如果生长环境阴暗，光照不足，植株生长瘦弱，花色暗淡；忌高温，冬暖夏凉最宜其生长，适宜生长温度12~20℃；生长期喜潮润的土壤，要适时浇水，浇水应掌握"见干见湿"的原则；在开花前应施稀薄液肥1~2次；一般用播种和扦插繁殖。

虞美人

君子兰

——远离"烟"雾缭绕

君子兰又称大花君子兰、大叶石蒜、剑叶石蒜、达木兰，原产于非洲南部，为石蒜科君子兰属一种多年生草本植物。

当你置身于摆放有君子兰的环境中时，你会感到空气新鲜，身心舒畅，精力充沛。奥秘在哪里呢？就是因为君子兰能调节空气、调养精神，给人以健康，它吸收家具、天花板、地板散发的甲醛、一氧化碳等有害气体，而且效果很好，房屋装修后用其来净化空气非常适合。一株成年的君子兰，一昼夜能吸收1立

升空气，释放80%的氧气，在极其微弱的光线下也能发生光合作用。

君子兰对烟雾有一定吸收能力，可减轻室内吸烟的危害。在十几平方米的室内有两三盆君子兰就可以把室内的烟雾吸收掉。特别是北方寒冷的冬天，由于门窗紧闭，室内空气不流通，君子兰会起到很好的调节空气的作用，保持室内空气清新。

君子兰株体，特别是宽大肥厚的叶片，有很多的气孔和绒毛，能分泌出大量的黏液，经过空气流通，能吸收

净化功能	有害成分简式
吸收甲醛	CH_2O
吸收一氧化碳	CO

君子兰

大量的粉尘、灰尘和有害气体，对室内空气起到过滤的作用，减少室内空间的含尘量，使空气洁净。因而君子兰被人们誉为理想的"吸收机"和"除尘器"。

君子兰还有减少放射性物质、细菌，以及降低噪声的作用，是一种功能多样又美丽袭人的植物，因此被称为宝草。

君子兰在养生保健中也有一定作用，防病治病的功效也日益被人们所发现。其全株可入药，可强心，能增强心脏多种收缩功能和泵血功能，使心波和心脏指数增加，而心率不增加，降低血管阻力和血压，使心肌耗氧指数增加。日常生活中，取适量君子兰根，水煎饮用即有保护心脏的功效。另外，君子兰植株体内含有石蒜碱和君子兰碱，含有 17 种氨基酸，18 种微量元素，因而有抗癌作用。

君子兰根煎水

🌸 养花必知

君子兰的花朵没有牡丹花的富丽堂皇，香味也没有茉莉花的芳香浓郁，更没有月季花的艳丽多姿。但它剑一般的绿叶，宽厚光亮，火一般的红花，纯粹而自然，被人们赋予了刚直不阿、百折不挠的高尚寓意。人们在欣赏红绿交相辉映的自然美的同时，还可从其身上体会到内在美，赢得了人们的喜爱。有诗赞曰："君子兰开满春城，花娇人好两相倾"，这便是观赏君子兰的真谛所在。

君子兰可以放在门前，彰显主人的君子风范。客人一进门口就看到君子兰，马上就领会到主人所向往的风格。

君子兰为半阴性植物，忌强光；喜凉爽，忌高温，生长适温为 15~25℃，低于 5℃则停止生长；喜疏松肥沃的砂质土壤，土壤板结和肥料供应不足，会使叶片发黄，影响开花；一般情况下，春天每天浇 1 次水，夏季浇水，可用细喷水壶将叶面及周围地面一起浇，晴天一天浇 2 次，秋季隔天浇 1 次，冬季每星期浇 1 次或更少；浇水时应增施稀薄液肥并注意松土；常用分株方法繁殖。

发财树
——去除香烟烟雾的首选

油烟粉尘 花草来吸收

发财树又称瓜栗、中美木棉、鹅掌钱，原产于马来西亚半岛及南洋群岛一带，为木棉科瓜栗属木棉科常绿小乔木。

发财树四季长青，净化室内空气的功效特别好，即使在光线较弱或二氧化碳浓度较高的环境下，发财树仍然能够进行高效的光合作用，吸收有害气体，提供充足的氧气，对人体健康有很大作用，还能有效减轻空气中的一氧化碳的浓度。

净化功能	有害成分简式
吸收一氧化碳	CO
吸收二氧化碳	CO_2

发财树的蒸腾作用很强，可以有效地调节室内温度和湿度，有着天然"加湿器"的美称。特别是在春秋等干燥季节，家里或办公室放几盆发财树的话，就可以大大减轻皮肤干燥等症状，还能减少呼吸道疾病的发病率。

如果家里有抽烟的人，也不妨放几盆发财树在身边，因为发财树还能对抗烟草燃烧产生的废气，减少香烟烟雾危害，使家居环境变得清新怡人。如果发财树和罗汉松组合，那净化空气的效果会更强，可谓双剑合璧。

🌼 养花必知

发财树是重要的家居摆设物，和不同的家居搭配，会有不同的风格。一般发财树树型较大，因此适于摆放在较为宽敞的空间里，比如办公室、客厅、书房等地。迷你型的发财树可以随意放置。

发财树既耐阴又喜阳光，适应性强，但是最好放在光线较强的地方；性喜温暖、不耐寒，适宜的生长温度在 18～30℃；该树种对盆土要求比较严格，喜排水良好、含腐殖质的酸性沙壤土；对水分适应性较强，夏季室内 3～5 天浇一次水，春秋季节 5～10 天浇一次；每间隔 15 天，可施用一次腐熟的液肥或混合型育花肥；通常于春秋两季进行分株繁殖。

发财树

橡皮树

——消除有害物质的多面手

橡皮树又称印度橡皮树、印度榕大叶青、红缅树、红嘴橡皮树，原产印度及马来西亚，为桑科榕属的常绿乔木。

橡皮树是绿色"吸尘器"，在封闭的室内摆放一些橡皮树，粉尘减少的速度非常显著。室内空气中的粉尘主要来自吸烟、暖气、烹饪、办公设备及建筑材料的磨损和热化。粉尘分为两种，一种是降尘，由于颗粒较大，一般会自然降落至地面；另一种叫飘尘或可吸入颗粒物，颗粒较小，总是处于悬浮状态，香烟烟雾就属于这一种，而室内摆放橡皮树是对付这些细小微粒的有力"武器"。飘尘上带有电荷，当它们接近不带电的植物时，就会被吸附在植物表皮上。因此，在香烟烟雾较集中的地方，要多摆放几盆橡皮树，还应经常用喷壶冲洗或擦拭叶面，这样吸尘效果会更好。

橡皮树除了具有独特的净化粉尘功能，也可以净化挥发性有机物中的甲醛。

净化功能	有害成分简式
吸收一氧化碳	CO
吸收二氧化碳	CO_2
吸收氟化氢	HF

橡皮树还可以吸收空气中的一氧化碳、二氧化碳、氟化氢，使空气净化。前两者我们都不陌生，对氟化氢可能不是很了解，装修房屋或新购置的家居电器等都有可能释放氟化氢。人体若是长期处于弱氟化氢环境，会产生腐蚀和氧化现象，从而伤害人体组织。主要表现为刺激感、皮肤灼伤、骨质软弱，易得骨质疏松症。如果不及时处理，对身体的伤害性会更大，但是要是家里能养上几盆橡皮树，这些危害就会于无形中得到缓解。

养花必知

橡皮树叶大光亮，四季常青，对于灰尘较多的办公室则最适合摆放在窗边。

橡皮树喜强烈直射日光；喜高温环境，生长适温为 20~30℃；喜肥沃疏松和排水良好的砂质土壤；经常保持土壤处于偏干或微潮状态即可；生长旺季应施用磷酸氢二铵、磷酸二氢钾等作为追肥；常用扦插繁殖，以春、夏季进行最好。

橡皮树

油烟粉尘，花草来吸收

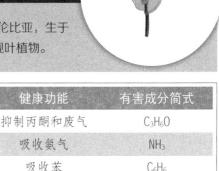

白掌

——抑菌防病强手

白掌又称苞叶芋、一帆风顺、平芋，原产于哥伦比亚，生于热带雨林中，为天南星科苞叶芋属多年生常绿草本观叶植物。

白掌花大而显著，花梗长而高出叶面，它的花并无花瓣，只是由一片白色的苞片和一根黄白色的肉穗所组成，酷似手掌，故名白掌。白掌有很强的净化空气的功能。大家知道氨气会刺激人的眼睛和呼吸道黏膜，容易引起眼干、眼痒、咽喉干燥、打喷嚏、流鼻涕。短期内吸入大量氨气后可出现流泪、咽痛、声音嘶哑等，而白掌是抑制人体呼出的废气，吸收氨气和丙酮的"专家"。同时它也可以过滤空气中的苯、三氯乙烯和甲醛。每平方米 24 小时可以清除 1.09 毫克的甲醛和 3.53 毫克的氨气。它的高蒸发速度可以防止鼻黏膜干燥，大大降低人体患鼻炎的可能性。

健康功能	有害成分简式
抑制丙酮和废气	C_3H_6O
吸收氨气	NH_3
吸收苯	C_6H_6
吸收三氯乙烯	C_2HCl_3
吸收甲醛	C_2HCl_3

🌸 养花必知

白掌因叶片与竹芋相似，花朵酷似鹤翘首，亭亭玉立，洁白无瑕，故给人以"纯洁平静、祥和安泰"之美感，被视为"清白之花"。常用于室内绿化装饰。可放在光线明亮的客厅落地窗前、茶几前、沙发边、墙角、餐桌旁、卧室梳妆台边、电视机旁等地。

白掌喜半阴，夏季应注意遮阴，遮去 60% ~70% 的阳光即可；喜高温，怕寒冷，生长适温为 20~25℃；喜疏松肥沃的沙壤土，生长期间，保持盆土湿润，但忌盆内积水，夏季高温干热期间要勤向盆面、叶面、盆周围地面喷水，以增加小范围的空气湿度和降低温度，以利其生长；每 7~10 天施一次有机肥液，秋末及冬季应减少浇水和停止施肥；一般用分株和播种繁殖。

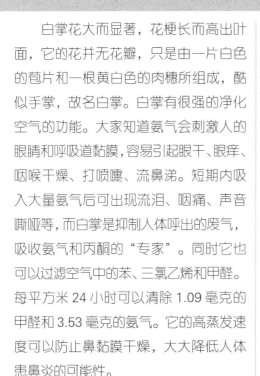

白掌

非洲堇

——分泌清香的杀菌素

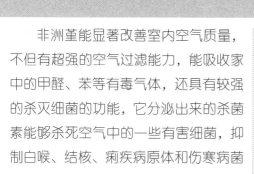

非洲堇又称非洲苦苣，原产于东非的热带地区，为苦苣苔科非洲苦苣苔属多年生草本植物。

非洲堇能显著改善室内空气质量，不但有超强的空气过滤能力，能吸收家中的甲醛、苯等有毒气体，还具有较强的杀灭细菌的功能，它分泌出来的杀菌素能够杀死空气中的一些有害细菌，抑制白喉、结核、痢疾病原体和伤寒病菌的发生，保持室内空气清洁卫生。

非洲堇花色绚丽多彩，有紫色、蓝色、白色、粉色等。工作了一天的人，在闲暇时看看色彩悦目的非洲堇，顿时会感觉到几分生命的活力，它能调和心境、舒缓压力、延缓衰老等。

🪴 养花必知

非洲堇植株小巧玲珑，花色斑斓，四季开花，是国际上著名的盆栽花卉，在欧美栽培特别盛行。花期为春秋两季，冬天如果光线充足也会开花。因一年花开不断，所以非洲堇的花语为永恒的爱。

非洲堇属小型盆栽观赏植物，开花时间长，搬动方便，繁殖容易，特别适合中老年人栽培。盆花适合点缀在案头、书桌、窗台，十分典雅秀丽。

非洲堇夏季怕强光，须遮阴，叶色青翠碧绿，冬季则阳光充足，才能开花不断；怕高温，生长适温为 16 ~ 24℃，冬季夜间温度不低于 10℃，否则容易受冻害；生长期盆土保持湿润即可，不宜过于潮湿，否则容易烂根，要经常向周围喷水，空气干燥，叶片会缺乏光泽；生长期一周施一次稀薄液肥即可；通常用播种和扦插繁殖。

非洲堇

净化功能	有害成分简式
吸收甲醛	CH_2O
吸收苯	C_6H_6

鱼腥草

——提高机体免疫力

鱼腥草又称是岑草、蕺、蒩菜、紫背鱼腥草，原产于我国、日本等地，花期4~8月，果期7~11月，为三白草科多年生草本植物蕺菜的干燥水上部分。

鱼腥草既是美味食材又是良药，在我国传统医学及现代医学中一直都有广泛的应用。《本草纲目》记载：鱼腥草"散热毒痈肿，痔疮脱肛"，《滇南本草》言其"治肺痈咳嗽带脓血，痰有腥臭，大肠热毒，疗痔疮"，而《分类草药性》中说：鱼腥草"治五淋，消水肿，去积食，补虚弱，消鼓胀"。可见其清热解毒、利尿消肿的功效，自古就被人发现并加以利用了。具体到病症的话，鱼腥草对热痢、肺炎、支气管炎、肺脓疡、疟疾、疮疖、痔疮、脱水、带下病、淋症、中暑、肠炎等有一定的疗效。鱼腥草宜在夏、秋两季，茎叶茂盛花穗多，腥臭气味浓时采收。鱼腥草在采收时，把草整株拔出，除去泥土，晒干，扎成小把即可。

另外，鱼腥草对习惯性便秘有一定效果。便秘大家可能都了解，但是习惯性便秘是什么呢？其是指长期的、慢性功能性便秘，又称功能性便秘，是指每周排便少于3次，或排便经常感到困难的人，不仅会因为大便滞留而使毒素吸收过多，也因大便排出缓慢而比正常人吸收过多的胆固醇，多发于老年人。原因可能是由于进食过少，或食物过于精细，缺乏纤维素，使结肠得不到一定量的刺激，蠕动减弱而引起便秘。还可能是因为精神抑郁或过分激动，不良的生

鱼腥草

活习惯，睡眠不足，使结肠蠕动失常或痉挛而引起便秘。得了习惯性便秘别着急，鱼腥草来帮您，做法是：取鱼腥草 5 ~ 10 克，用白开水浸泡 10 ~ 12 分钟后代茶饮。治疗期间停用其他药物，10 天为一个疗程。

鱼腥草对鼻窦炎也有很好的疗效。鼻窦炎是鼻窦黏膜慢性化脓性炎症，较急性者多见，其中以慢性上颌窦炎最多，常与慢性筛窦炎合并存在，一侧或两侧的鼻窦均有。这时鱼腥草的外用功效就体现出来了，方法是：取鲜鱼腥草捣烂，绞取汁液，每日滴鼻数次。另外也可用鱼腥草 35 克，水煎服，几次便可见效。

鱼腥草有一定的食用价值，可生吃也可熟食。鱼腥草的名字来自《名医别录》，唐苏颂说："生湿地，山谷阴处

鱼腥草汤

亦能蔓生，叶如荞麦而肥，茎紫赤色，江左人好生食，关中谓之菹菜，叶有腥气，故俗称鱼腥草。"人们常用鱼腥草来煲汤喝，有清热解毒、滋补脾胃的功效。具体做法是这样的，取猪肚 200 克，绿豆 40 克，一起放在锅里煮，大约煮一个小时，加入鱼腥草和调味料，继续煮 10 分钟就可以喝了。

🐾 养花必知

鱼腥草喜光，耐半阴，以每天接受 3~5 小时的散射光照为宜；喜温暖湿润，生长适温为 15~25℃；以肥沃的沙质土壤及腐殖土为好；浇水以保持土壤湿润为宜，不可过于干旱；鱼腥草生性强健，生长季节中长势十分旺盛，每 15~20 天施一次肥；通常用扦插繁殖。

药 用 小 偏 方

◎**病毒性肺炎、支气管炎、感冒：**
可用鱼腥草、厚朴、连翘各 15 克，研末，桑枝 50 克，煎水冲服。

◎**肺病咳嗽盗汗：**
可用鱼腥草根叶 100 克，猪肚 1 个，将鱼腥草根叶置于猪肚内炖汤服，每日 1 剂，连用 3 剂。

◎**痢疾：**
可用鱼腥草 30 克，山楂炭 10 克，水煎加蜜糖服。

◎**治热淋、白浊、白带：**
鱼腥草 40~50 克，水煎服。

◎**治痔疮：**
鱼腥草适量，煎汤点水酒服，连进三服，其渣熏洗，有脓者溃，无脓者自消。

细菌病毒 花草来清除

紫罗兰

——5 分钟杀菌排毒

紫罗兰又称草桂花、四桃克、草紫罗兰，原产于欧洲南部，为十字花科紫罗兰属一年生至多年生草本植物。

淡紫色的紫罗兰花神秘而优雅，还有很高的药用价值，可清除口腔异味、润喉；能帮助伤口愈合、有调气血的功效。还可以保养上呼吸道，有助于治疗呼吸系统疾病，对支气管炎也有调理的功效；还可缓解伤风感冒症状，祛痰止咳，润肺，消炎。气管不好者可以时常饮用，当作预防保健。紫罗兰一般在花开得正旺的时候采收，阴干备用。

紫罗兰还能缓解疲劳，工作或者生活压力大的朋友可以在身边多放几盆紫罗兰，它散发的香味可有效舒缓压力，消除烦闷。除此之外，紫罗兰是爱美女士的良友，因为它能够美白祛斑、滋润皮肤、除皱消斑，可以做成面膜敷脸，是天然的化妆圣品。

平时可以制成花茶饮用，沁人心脾，

紫罗兰

可随手摘几朵紫罗兰花，冲入沸水，焖几分钟即可，即使用冷水冲泡，精华一样可以释出。喝起来味道十分温润，因而受到许多人的喜欢。饮用此茶还可以解酒，如果醉酒回来，不妨冲上一杯紫罗兰茶，既可以缓解酒醉头痛，又可以益肝补脾。

养花必知

紫罗兰花朵茂盛，花色鲜艳，花瓣薄，多褶且透光，香气浓郁；花期长，花序也长，为众多养花者所喜爱。适宜于盆栽观赏，适合布置花坛、台阶、花径，整株花朵可作为花束。若放在室内可放置于餐厅、办公室、客厅等地。

紫罗兰接受的光照充足，花才能开得比较灿烂；喜冷凉的气候，忌燥热生长，适温为 15~25℃；但也能耐短暂的 -5℃的低温；对土壤要求不严，但在排水良好、中性偏碱的土壤中生长较好，忌酸性土壤；浇水不宜太勤，春秋季 1~2 天浇 1次水，夏日每日浇 1 次水，冬季保持盆土稍干；生长期 15 天施 1 次稀薄饼肥水，3~4 周施 1 次全元素复合肥；大多用播种和分株方法繁殖。

第四章

四季好花开，健康自然来

　　一年四季各有各的特点，春季，生机勃发，但是人们往往容易困倦，所以要养一些提神醒脑的花草；夏日炎炎，养些花草，可以为身心降温；秋季，烦躁悲伤，要养一些可以去除秋燥的花草；冬季，空气干燥，就要养些可以增湿的花草，滋润身心。下面就看看每个季节都应该养什么花吧！

春季养花 提神醒脑

常春藤

——提高大脑活力

常春藤又称土鼓藤、钻天风、三角风、百脚蜈蚣、枫荷梨藤，原产于欧洲、亚洲和北非，为五加科常春藤属常绿蔓生藤本植物。

常春藤是非常环保的观赏植物，通过叶片上的微小气孔，能吸收有害物质，并将之转化为无害的糖分与氨基酸。它不仅能绿化环境，还能净化空气，它可以吸收由家具及装修散发出的苯、甲醛等有害气体，还能有效清除室内的三氯乙烯、硫化氢、苯酚、氟化氢和乙醚等，为人体健康带来极大的好处。常春藤还能有效抵制尼古丁中的致癌物质。

常春藤最美丽之处在于它长长的枝叶，只要将枝叶进行巧妙放置，就能带给人一种春意盎然的清新自然之感。在养护眼睛的同时能有效提高大脑活力，提高工作效率。

常青藤还具有很高的药用价值，其

净化功能	有害成分简式
吸收甲醛	CH_2O
吸收苯	C_6H_6
清除三氯乙烯	C_2HCl_3
清除硫化氢	H_2S
清除苯酚	C_6H_6O
清除氟化氢	HF
清除乙醚	$C_4H_{10}O$
抵制尼古丁	$C_{10}H_{14}N_2$

全草均可入药，有祛风利湿、活血消肿、平肝解毒之功。主治风湿性关节炎、肝炎、头晕目眩、口眼歪斜、鼻出血、痈疽疮毒等。常青藤还可以清热去火，对肿胀的脓包具有很好的消毒杀菌的作用。另外常青藤还具有很好的美容作用，可以将常春藤捣烂敷在脸上，当面膜用，能够紧致皮肤，消除水肿。常春藤晚秋采花、果、茎、叶，根全年可采。

常春藤还能减轻身体部位的疼痛感，见效比较明显的就是治疗偏头痛。偏头痛最直接的就是影响睡眠，因为睡眠不足，白天就没精神，工作也大受影响。而且人久患头痛疾病，性格会发生变化，往往性情变得暴躁。又因为久治不愈，生活受到重大影响。偏头痛虽然不是什

常春藤

么大病，但是也不能忽视。使用常春藤治疗偏头痛的方法是：取常春藤 30 克，当归 9 克，川芎 6 克，大枣 3 枚，水煎服。或取常春藤根 30 克，防风 9 克，川芎 6 克，水煎服。

常春藤对人体肝部位的保护和滋养作用，主要表现在治疗肝炎上面，但需要和同样可治疗肝炎的败酱草配伍。方法是取常春藤、败酱草各 30 克，水煎服。即可缓解由肝炎引起的食欲减退，消化功能差，进食后腹胀，没有饥饿感，易感疲倦等症状。

养花必知

不论在室外环境还是室内，常春藤的生命力都非常旺盛，如壁虎一般攀爬，如蜘蛛网一样延伸开来，每到春末乃至整个夏季，我们都会看到一片翠绿，尤其是在室内是非常养眼的绿色植物，能起到装饰和美化的作用，能够增加主人的居住环境的自然力和清新度。

常春藤最常用于种植在户外的墙壁

常春藤煎汁

上或者庭院里，它叶子的形状如枫叶般，每到花期还会开放淡黄白色的小花，非常清新美丽；如果放在室内，可以种植在室内的吊篮里，点缀较宽阔的客厅、书房，格调高雅、质朴，并带有南国情调。

常春藤喜光，也较耐阴，放在半光条件下培养则节间较短，叶形一致，叶色鲜明，因此宜放室内光线明亮处培养；喜温暖，生长适温为 20~25℃，怕炎热，不耐寒；对土壤要求不严，疏松肥沃的土壤即可；生长季节浇水要见干见湿，不能让盆土过分潮湿，否则易引起烂根落叶。冬季室温低，尤其要控制浇水，保持盆土微湿即可；生长季节 2～3 周施 1 次稀薄饼肥水；常春藤主要采用扦插法进行繁殖。

药 用 小 偏 方

◎一切痛疽：
常春藤 15 克，黄酒绞汁，温服。

◎皮肤瘙痒：
常春藤 500 克，水煎沐浴，3 日 1 次，外用。

◎肝气上扰、头晕目眩：
常春藤 30 克，水煎服。

◎脱肛不收：
常春藤 100 克，水煎熏洗。

百里香

——提神醒脑解春困

百里香在我国称为地椒、地花椒、山椒、山胡椒、麝香草等，原产于地中海沿岸，风行于欧美地区，为唇形花科百里香属草本植物。

虽然百里香的外形并不是很出众，但它的用途却很广泛。百里香自古即被视为药用植物，全草均可入药，可以提神醒脑，改善消化系统及妇科疾病，促进血液循环，增强免疫力，减轻神经性疼痛，抗菌；还能帮助伤口愈合，治疗湿疹及面疱肤质；对头皮屑和脱发十分有效。现今也被广泛应用于各种芳香疗法中，因其含有麝香草酚成分，可以帮

百里香

助恢复体力、保护呼吸道、止咳化痰、预防感冒、减轻妇女经痛、消除疲劳、抗风湿等。一般百里香在夏季枝叶茂盛时采收，拔起全株，洗净，剪去根部，切段，鲜用或晒干。

百里香叶含齐墩果酸，能帮助改善肝炎患者的症状，促进肝细胞的再生。百里香含的百里香酚、芳樟醇和伞花烃，杀菌作用强毒性低，对龋齿腔有防腐作用，亦能促进气管纤毛运动，有助于气管分泌黏液，具祛痰消炎功效。

百里香提神醒脑的作用主要得益于它的香气，其香气温和不刺鼻。如果在沐浴时，在洗澡水里投入新鲜的百里香枝叶，有提神醒脑、舒缓和镇定神经之效，还可以缓解疲劳，恢复体力和精力。另外，它的香气能强化神经、活化脑细胞，因此可以提高记忆力和注意力，抗沮丧及抚慰心灵创伤。有实验证明，它可以迅速缓解人体的低落情绪、筋疲力尽的感觉以及挫败的沮丧感。

利用百里香提神醒脑、除烦解渴的最简单方法就是泡茶喝。下面介绍两款茶饮，一种冲泡法是：取百里香、欧薄荷、锦葵、薰衣草各3克，将所有茶材都放

在杯里，然后用开水冲泡，盖上盖子焖几分钟即可饮用。另外一种做法是：取百里香、鼠尾草、菩提花、柠檬马鞭草各3克，一起冲泡即可饮用。这两种茶饮都可以消除疲劳、改善贫血、低血压、肩膀酸痛、花粉症、喉咙痛，如果加蜂蜜可治痉咳、感冒和喉咙痛。

百里香还有助消化、解酒、防腐、利尿的功效。

一般都是将新鲜或干燥的枝叶用于料理中，它的叶片可结合各式肉类、鱼贝类制作料理。此处介绍一款香嫩营养的百里香沙朗牛排。做法是：取新鲜百里香3枝，沙朗牛排1片，盐、黑胡椒

百里香茶

粉少许，意大利陈年醋1大匙，红酒牛肉汁2大匙，香草高汤3大匙。百里香取叶去梗备用；牛排均匀抹上盐及黑胡椒，先用大火将双面略煎锁住肉汁，再放入预热好的烤箱烤至个人喜好的熟度，建议以200℃烤3分钟（约为5分熟）口感最佳。将百里香叶及备好的材料全部放入煎牛排的余油中，以小火熬煮成浓稠的酱汁，淋在牛排上即可。但百里香每天的食用总量最好不要超过10克，以免刺激人体，孕妇也应避免食用。

不仅如此，百里香提炼的精油有杀菌作用，并可加入雀斑膏制作，具消除雀斑、修化老化皮肤，亦是用于制作香皂和漱口水的材料。如果你不喜欢味道太浓郁的香料植物，建议你可以选择气味较柔和的百里香，闻着它的香气，或许会让你有置身天堂的感觉。

🌷 养花必知

百里香春季开淡紫色的小花，结光滑圆形的小坚果，十分雅致。盆栽的百里香适合在庭院和阳台摆放，既可观赏，又可食用，一举两得。

百里香喜充足的阳光，光照不足时会引起植株徒长，但在夏秋阳光强烈时需适当遮阴；喜温暖气候，生长最适宜温度为20~25℃；土壤选择排水性、通透性良好的即可；生长期间的浇水要掌握"不干不浇，浇则浇透"的原则；春秋季生长旺盛时，每半月追施1次稀薄肥料；家庭繁殖一般用扦插繁殖。

富贵竹

——让燥热败下阵来

富贵竹原称辛氏龙树，又称竹蕉、万年竹，原产于非洲西部的喀麦隆，为假叶树科龙血树属多年生常绿草本植物。

富贵竹不仅能吸收苯、甲醛等室内污染物，可以帮助不经常开窗通风的房间改善空气质量，改善局部环境的温度，具有消毒功能。尤其是卧室，富贵竹可以有效吸收空气中的废气，使卧室的环境得到改善。

富贵竹大多水养，绿色干净，非常养眼，而且能明显增加室内湿度。适宜的空气湿度，对人们的身体是极其有益的。而且夏季放在居室里，翠绿的颜色会让人身心愉悦，给炎热的夏季带来一丝清凉，安抚燥热的心灵，使焦躁和不安渐渐褪去。

富贵竹

🌼 养花必知

富贵竹的美与它的吉祥名字分不开。它具有细长潇洒的叶子，翠绿的叶色，其茎节表现出貌似竹节的特征，却不是真正的竹，但同时也有着竹报平安、富贵吉祥的寓意。再加上富贵竹茎叶纤秀，柔美优雅，极富竹韵，故而很得人们喜爱。富贵竹适于作小型盆栽，可以放在居室的任何地方，用于布置卧室、书房、客厅等处，可置于案头、茶几和台面上，富贵典雅，玲珑别致，绿意葱茏的叶子，显出居室旺盛的生命力。

富贵竹对光照要求不严，适宜在明亮散射光下生长；喜温暖，适宜生长温度为 20~28℃，可耐 2~3℃低温；适宜生长于排水良好的砂质土或半泥沙及冲积层黏土中；浇水保持土壤干湿为宜，但不宜干旱，也不宜过湿；生长期每月施一次稀薄液肥即可；富贵竹长势、发根长芽力强，常采用扦插繁殖。

净化功能	有害成分简式
吸收一氧化碳	CO
吸收二氧化碳	CO_2
吸收氟化氢	HF

爬山虎

——打造天然凉棚

爬山虎又称爬墙虎、地锦、捆石龙、枫藤、红丝草、红葛、红葡萄藤，原产于亚洲东部、喜马拉雅山区及北美洲，为葡萄科爬山虎属落叶藤本植物。

爬山虎的茎叶密集，覆盖在房屋墙面上，不仅可以遮挡强烈的阳光，而且由于叶片与墙面之间的空气流动，还可以降低室内温度。它作为屏障，既能吸收环境中的噪声，又能吸附飞扬的尘土。爬山虎的卷须式吸盘还能吸去墙上的水分，有助于使潮湿的房屋变得干燥，而干燥的季节，又可以增加湿度。爬山虎对空气中二氧化硫等有害气体有比较强的抗性，可以起到净化空气的作用。

爬山虎的根、茎可入药，有破瘀血、活筋止血、消肿毒的功效。主治产后血结，妇人瘦损，不能饮食、腹中有块、淋沥不尽、筋骨疼痛、赤白带下，用作祛风止痛药，适用于关节风湿、腰脚软弱等症。

爬山虎

养花必知

爬山虎形态与葡萄相近，夏季开花，花朵很小，呈黄绿色，浆果呈紫黑色，表皮有皮孔。夏季枝叶茂密，常攀缘在墙壁或岩石上，是最常用也是最理想的攀缘植物。春天，爬山虎长得郁郁葱葱；夏天，开黄绿色小花，叶子密集似绿毯；秋天，爬山虎的叶子变成橙黄色，像五彩斑斓的锦被，使建筑物的色彩富于变化。可以将爬山虎栽种在墙壁、围墙、庭园入口处等，用于绿化墙面。

爬山虎适应性强，性喜阴湿环境，但不怕强光；能适应高温，生长适温为20~25℃；对土壤要求不严，在阴湿、肥沃的土壤中生长最佳；要经常保持盆土湿润，但怕积水；不喜肥，生长期每月施1次稀薄液肥；一般用扦插繁殖。

药用小偏方

◎ **疔疮初起：**
爬山虎鲜叶捣烂，外敷患处。

◎ **风湿关节痛：**
爬山虎15~30克，水煎或泡酒服用。

◎ **跌打损伤：**
可将爬山虎根皮捣烂，用酒调敷患处。

夏季养花·祛暑降温

驱蚊草
——驱蚊杀菌好帮手

驱蚊草又称驱蚊香草、香叶天竺葵，原产于南非好望角一带，为拢牛儿苗科天竺葵属多年生常绿草本植物。

驱蚊草具有强大的呼吸系统，气体交换比其他植物要大，所以它吸收氧气，释放二氧化碳的功能就很强，还具有吸附空气中灰尘和有害气体的能力，净化空气作用显著。

驱蚊草另外一个主要功能就是驱蚊，这是因为驱蚊草富含有驱蚊作用的香草醛、香茅醇等多种芳香类天然精油。整个植株就相当于一个巨大的"蒸发器"，驱蚊香气源源不断释放到空气中，1~40℃为驱蚊草香气分子的生存温度，在这个生存温度范围内，温度越高，驱蚊草挥发的香气分子越多。在夏季蚊虫大量繁殖期，温度最高，驱蚊香草所散发的香味分子浓度达到高峰，驱蚊效果最明显。真正实现了不用喷药，不用烟熏，生物自然驱蚊，无任何副作用。

驱蚊草在室内散发的香气有一种淡淡的柠檬味道，这种香气除了驱蚊之外，还能缓解紧张和压力，有抵抗忧郁、减轻疲劳的作用，提神醒脑，令人精神振奋。如果给其叶面经常喷水，这种效果会更加明显。另外，这种香茅醇是一种挥发精油，被称为"温和的消毒剂"，可对支气管黏膜形成天然保护膜，可有效抵抗冠状病毒，可以让家人得到更好的保护。而且用驱蚊草泡水洗头发的话，可降低油脂分泌，减少头皮屑，用它泡水洗脸，则可以改善毛孔粗大、粉刺皮肤类问题。

养花必知

驱蚊香草可以放在阳台上，或者放在庭院里，不仅美化环境，还是驱赶蚊虫的有力武器。

驱蚊草喜光，除夏季稍遮阴外，秋、冬、春三季应有阳光直射；生长适温为10~25℃；喜中性偏酸性土壤；生长期3~6天浇透水一次，但不能积水；一般15~20天施肥1次；通常播种、扦插繁殖。

驱蚊草

马鞭草

—— 清热解毒、松弛神经

马鞭草又称野荆芥、凤颈草、蜻蜓草、退血草、燕尾草，原产于美洲热带，花期在6~11月，为马鞭草科马鞭草属多年生草本植物。

马鞭草有很高的药用价值，其全草可入药，有清热解毒、活血通经、泻下的功效，主治感冒发热、咽喉肿痛、牙龈肿痛、黄疸、痢疾、血瘀经闭、痛经、水肿、小便不利、赤白痢疾、慢性疟疾等。还可外用，取鲜草捣烂外敷，可治疗痈疮肿毒、跌打损伤。采收马鞭草要在花开时采割，除去杂质，晒干备用。

关于马鞭草的药用功效，祖国医学上早有记载，比如《天宝本草》中记载："利小便，平肝泻火，治赤疮，火眼。"这里的赤疮是什么呢？赤疮又名火赤疮，是一种体表红赤的大疱样疮疡。多因心火妄动，或因感盛夏酷暑火邪入肺经伏结所致。马鞭草可以治疗这种症状，取适量用水煎服即可。

下面介绍一款简单易操作的柠檬马鞭草茶。具体做法是，取干燥的马鞭草10~15片，柠檬片1片，用开水约泡10分钟至叶舒展开即可。这道茶呈现澄亮的淡绿色泽，新鲜的柠檬香气扑鼻而来，细细品尝十分清爽。此茶具有促进消化、减轻反胃及肠胃胀气、镇静松弛的作用。当伤风感冒引起发烧时饮用，能缓和喉咙及鼻子的不适。但长期或大量饮用此茶可能会刺激胃部，所以不宜常饮。

马鞭草还是爱美女士的好伙伴，因为其有减肥瘦身的作用，可有效解决下半身水肿的困扰，特别适合因久坐导致腿肿的人士使用。但是孕妇禁用。

养花必知

马鞭草喜阳光，在全日照的环境下生长最佳，如果在日照不足的环境下栽培会生长不良；喜温暖气候，生长适温为20~30℃，不耐寒，10℃以下生长较迟缓，对土壤要求不高，排水良好即可；耐旱能力强，在生长期间保持盆土湿润即可；不耐肥力，生长期每2个月施1次稀薄液肥；一般用播种方法繁殖，也可以用分株方法繁殖。

马鞭草

菊花

—— 祛火除烦，清肝明目

菊花又称黄花、寿客、金英、黄华、秋菊、陶菊、艺菊，原产我国河南等地，为菊科菊属多年生菊科草本植物。

菊花文化意义深厚，因其神韵清奇、凌风傲霜的品格，赢得了"花中隐士""高风亮节"的美称。菊花还具有很高的环保价值，除了吸收二氧化碳，释放氧气外，还能有效吸收空气中的苯、甲醛、二甲苯、二氧化硫、氟化氢、氯化氢、三氯乙烯等有害气体，能够吸收并且将氮氧化物转化为植物细胞的蛋白质，对烟尘也有吸收和抵抗能力。而且，菊花花色艳丽，有淡淡清香，可安神、缓解疲劳。

人们喜爱菊花，并不仅仅因为它独特的观赏价值，还因为其较高的药用价值。菊花有疏风清热、平肝明目、解毒

净化功能	有害成分简式
吸收苯	C_6H_6
吸收甲醛	CH_2O
吸收二甲苯	C_8H_{10}
吸收二氧化硫	SO_2
吸收氟化氢	HF
吸收氯化氢	HCl
三氯乙烯	C_2HCl_3

消肿的功用，主治头痛、眩晕、目赤、心胸烦热、疔疮、肿毒等症。现代药理研究表明，菊花具有治疗冠心病、降低血压、预防高脂血、抗菌、抗病毒、抗炎等多种功效。一般在春季采嫩叶，秋末采花，叶、根随用随采，阴干或晒干，烘干备用。

古代对菊花的药用价值就很重视，李时珍的《本草纲目》是这样记载的："菊春生夏茂，秋花冬实，备受四气，饱经霜露，花槁不零，叶兼甘苦，性秉平和。昔人谓其能除风热，益肝补阴。"充分肯定了菊花的保健功能。

菊花还具有食疗价值，早在战国时期，诗人屈原就有过"朝饮木兰之坠露兮，夕餐秋菊之落英"的千古佳句。其实菊花营养丰富，其富含人体所需要的许多

菊花

维生素和微量元素，常服可滋补身体，强身疗疾。而《神农本草经》把菊花列为上品，认为"久服利血气，轻身耐劳延年"，提示菊花有延缓衰老和美容的作用。现代研究已证实，菊花有调节心脑血管的功能，因为菊花中含有多种微量元素，尤其是硒的含量最多，还有维生素 A、维生素 B_2，所以对抗衰老效果明显。

知道菊花的诸多功效后，来看一下我们具体的利用方法，最简单的就是菊花茶了。菊花茶不仅香气浓郁，且能美容明目、清热解毒；还可随手取鲜菊花 30 克加滚开水沏泡片刻后，加入少量蜂蜜调味，一份菊花可以沏泡两次，温服，当天要饮完，具有益寿美容名目的作用。菊花叶也可用沸水冲泡代茶饮啜。

菊花茶

药 用 小 偏 方

◎ **预防中暑：**
干菊花 10 克，金银花 10 克，麦冬 15 克，水煎服。

◎ **减肥：**
菊花 15 克，橘皮 12 克，沸水泡饮。

◎ **咽炎：**
菊花 15 克，麦冬、桔梗各 12 克，玄参 10 克，水煎服

◎ **高血压：**
菊花、金银花各 30 克，桑叶 6 克，水煎服。

◎ **动脉硬化、高脂血：**
菊花、金银花各 30 克，山楂 20 克，水煎服。

🌸 养花必知

菊花有延年益寿，增加福分的象征。菊花花瓣呈舌状或筒状，我国古代又称菊花为"节花"和"女华"等。又因其花开于晚秋且具有浓香，故有"晚艳""冷香"之雅称。菊花历来被视为孤标亮节、高雅傲霜的象征，代表着名士的斯文与友情的真诚。菊花适合放在家中，独头菊及多头菊的株型矮小，花朵大而色艳，可置于窗台、书桌、餐桌、茶几上。

菊花喜阳光充足的环境；喜凉爽、较耐寒，生长适温为 15~25℃；地下根茎耐旱，对土壤要求不严，以富含腐殖质、排水良好的土壤最为适宜；菊花较耐旱，要防止积水，夏季及初秋花芽开始分化时少浇水；生长期间要经常施肥；全年均可进行枝节扦插。

秋季养花 远离秋燥

兰花

——清热解毒，消肿止血

兰花又称兰草、芝兰、幽兰、山兰，大部分品种原产于我国，为兰科多年生常绿草本植物。

兰花又称中国兰，姿态优雅，叶色常绿，香气清香幽远、沁人心脾，是我国最古老、最珍贵的花卉之一。其不仅有较高的观赏价值，还有很高的药用价值，通常以根或全草入药。现代中医药研究证实，兰花全草具有清热凉血、养阴润肺的功效。兰花按采摘的时间不同，名字也不同，春季采摘为春兰，初夏采摘为夏兰，秋季采摘为秋兰、建兰，冬季采摘为墨兰，鲜用或风干都可。根叶全年可采挖。

兰花

明代李时珍《本草纲目》记载：兰花"其气清香、生津止渴，润肌肉，治消渴胆瘅。治消渴生津饮，用兰叶，盖本于此"。临床常用于肺结核咯血，调治久嗽干咳不止之症。干咳不止的患者，可采用兰花蕊30～50朵，水煎，加冰糖，日服2次，服3～5天显奇效。

兰花可顺气和血，利湿消肿，治尿道感染、妇女白带。据《本草纲目拾遗》记载："黄兰花者名蜜兰，可以止泻止白带，利水道，杀蛊毒，消痈肿，调月经，久服益气轻身不老，通神明。"治疗尿道感染的具体方法是：可采用兰花根50克，茅根30克，冬瓜皮30克，水煎服，连服6～10天。治疗妇女白带过多的具体方法是：可采用兰花根50克，天门冬30克，百合30克，农家散养土鸡1只，共炖，服汤食肉，2～3天1次，连服2～3次。

现代药理研究，兰花的芳香成分——芳香油，能使人心旷神怡，清除宿气，解郁消闷，提神醒脑，疏肝解郁，调和气血，治头晕目眩，神经衰弱。《本草纲目拾遗》记载："素心建兰除宿气，解郁。""蜜渍青兰花点茶饮，调和气血，宽中醒酒。"

兰花可入茶，做汤，清香扑鼻、鲜美开胃、沁人心脾、生津止渴，有一定食疗价值。兰花的香气清冽、醇正，用来熏茶，品质最高。据载："花可助茶，膏可代饮。"把开得正旺的花朵采下来，晒成半干，再用盐渍装在瓶子里。用时取两朵放在茶杯内，冲上开水即可饮用。再推荐一款清肺热的兰花绿茶。做法是：取墨兰、白兰花各1克，绿茶2克，沸水泡饮，有疏肝解郁、明目美容的功效。兰花泡水后，恢复原来形状，既美丽又有特别的香气，喝时风味非凡。

兰花的花朵也可以食用，比如做成兰花粥。做法是：取兰花5朵，水煎取汁，加粳米50克煮粥，可以加入蜂蜜调味。此粥有理气宽中、清热润肺、明目美容的功效。适用于久咳等症。

兰花绿茶

药用小偏方

◎**肺结核咳血：**
兰草根30克，捣烂取汁，调冰糖炖服。

◎**跌打损伤、痈肿：**
兰草根捣烂，外敷。

◎**久咳：**
可用建兰花15~20朵，加蜂蜜适量，水炖服。

◎**肾胆结石：**
兰花10克，金钱草30克，沸水冲泡。

◎**青光眼：**
墨兰花3克，菊花5克，沸水泡饮。

养花必知

兰花是一种以香著称的花卉，具高洁、清雅的特点。古今名人对它评价极高，被喻为花中君子。在古代文人中常把诗文之美喻为"兰章"，把友谊之真喻为"兰交"，把良友喻为"兰客"。家中种植一盆兰花，不但清香袭人，还能陶冶性情。可放在有散射光的阳台上，或餐桌、茶几上。

兰花性喜阴，怕阳光直射；生长适温为15~20℃；喜肥沃、富含大量腐殖质的土壤；喜干，除了5~6月的生长期，应该适当多浇水，保持盆土湿润外，其他时间都应该少浇水；适当施腐熟液肥即可；大多采用分株繁殖。

秋季养花 远离秋燥

大丽花

——清热消肿，全身是宝

大丽花又称大理花、天竺牡丹、东洋菊，原产于墨西哥，墨西哥人把它视为大方、富丽的象征，因此将它尊为国花，为菊科大丽花属多年生宿根草本花卉。

大丽花花色鲜艳，花形美丽，品种繁多，是世界名花之一。其实它不光有观赏价值，还可以吸收空气中的有害气体，如二氧化碳、硫化氢等，还可以抗菌、除甲醛，对居室空气起到净化的作用。

净化功能	有害成分简式
吸收二氧化碳	CO_2
吸收硫化氢	H_2S
除甲醛	CH_2O

大丽花的叶、根、茎和花都可以入药。一般在花开得正旺时采集花朵，秋季挖根，洗净，晒干或鲜用。据研究，大丽花的根茎内含有与葡萄糖作用相似的成分。还有清热解毒、散瘀止痛的功效，主治龋齿疼痛、无名肿毒、跌打损伤、疗疮肿毒。将大丽花捣成烂泥状敷在患处，对牙痛和腮腺炎也有效果。

养花必知

大丽花以花期长受人欢迎，从秋到春，连续发花，每朵花可延续1个月，花期持续半年。在我国南方春季5~11月开放，象征着大吉大利。它色彩艳丽，品种繁多，给人以雍容华贵的感觉。所以，在家中摆放上一盆大丽花，可使您的家居环境变得华丽优雅、鲜活灵动。放在玄关或台阶上，可营造出华丽的氛围，在书房或餐厅的窗台上点缀一两盆小型大丽花，能给全家人带来美好的心情和

很好的胃口。

大丽花在阳光充足的环境生长良好；喜温暖，气温在20℃左右，生长最佳，若长期放置在荫蔽处则生长不良；大丽花宜选择肥沃、疏松的土壤；生长期浇水要掌握"干透浇透"的原则；每7~10天施一次稀薄液肥，而施肥的浓度要逐渐加大，才能使茎干越长越粗壮，叶色深绿而舒展；多用扦插和播种繁殖，以扦插为主，一般在9~10月份进行。

大丽花

散尾葵

——天然的增湿器

散尾葵又称黄椰子、金钱竹、竹椰，原产于马达加斯加岛，花期为7~8月，棕榈科散尾葵属丛生常绿灌木。

散尾葵具有蒸发水气的功能。如果在居室内种植一棵散尾葵，能够将室内的湿度保持在 40% ~ 60%，平均每天可蒸发 1 升水。特别是冬季，室内湿度较低时，能有效提高室内湿度，被称为"天然的增湿器"。

此外，散尾葵有很强的净化空气的能力，尤其适合放在新装修的房间里。因为房屋装修后，会存在不同程度的室内污染，而勤开窗，家里再摆放几盆散尾葵就能够达到清除空气中污染物的功效。不同的绿色植物，都有其独特的清除污染物的作用，散尾葵可吸收甲醛、

净化功能	有害成分简式
吸收甲醛	CH_2O
吸收氨	NH_3
吸收二甲苯	C_8H_{10}
吸收二氧化硫	SO_2
吸收三氯乙烯	C_2HCl_3
吸收氯气	Cl_2
吸收氟化氢	HF

氨、二甲苯，还可抗二氧化硫、三氯乙烯、氯气和氟化氢等有挥发性的有害物质。它们吸收这些污染物作为养料，放出新鲜的氧气。据测定，散尾葵每平方米叶片可在 24 小时之内清除 0.38 毫克的甲醛和 1.57 毫克的氨。

🌼 养花必知

散尾葵较耐阴，适用于室内绿化装饰。一般中小盆可布置在客厅、书房、卧室、会议室等，可供长期观赏。

散尾葵喜明亮光照，忌阳光直射；喜温暖，生长适温为 10~24℃，冬季不能低于 10℃；土壤以疏松肥沃的沙壤土为宜；生长期盆土要保持湿润，夏季还要经常向叶面多喷水，冬季要减少浇水量；4~9 月每 2 周施稀薄液肥，冬季停止施肥；常用扦插和分株繁殖。

散尾葵

南天竹

——蒸发水汽，保持湿度

南天竹又称红杷子、天烛子、红枸子、白天竹、天竹子、天竹，原产于东亚，在我国分布于长江流域各省，为小檗科南天竹属常绿灌木。

南天竹的叶子可以蒸发水汽，使干燥的空气保持一定的湿度。

南天竹有很高的药用价值，以根、茎及果入药。果实可以敛肺止咳，清肝明目，主治久咳、喘息、百日咳等；叶可以清热凉血，利尿解毒，主治感冒、尿血、小儿疳积；根可祛风清热，除湿化痰，主治风热头痛、肺热咳嗽、湿热黄疸、风湿痹痛、火眼、疮疡；梗可镇咳止喘，兴奋强壮，主治咳嗽不止、目赤肿痛。南天竹根、茎全年可采，切片晒干，秋天和冬天摘果实晒干备用。

🌼 养花必知

南天竹株高可达2米，全株披散着绿色的羽状细叶，秋冬叶丛中夹杂着串串的红色小浆果，如珊瑚成穗，能耐霜雪，经冬不凋，当严寒凛冽，百花凋残之际，南天竹犹叶绿果红，令人十分珍爱。南天竹可以在自家庭院栽种，秋天时结出红色的小果子，十分喜人。现在也比较流行盆栽，放在客厅、办公室都十分雅致。

南天竹喜散射光，较耐阴；喜温暖，生长适温为18~25℃；栽培土要求肥沃、排水良好的砂质土壤；对水分要求不甚严格，既能耐湿也能耐旱；比较喜肥，可多施磷、钾肥，生长期每月施1~2次液肥；一般可用播种法和分株法繁殖。

南天竹

药 用 小 偏 方

◎**肺热咳嗽：**
南天竹茎叶30克，麦冬、天门冬、百合、十大功劳各15克，水煎服。

◎**百日咳：**
南天竹干果实9~15克，水煎后调入冰糖服用。

◎**坐骨神经痛：**
南天竹根50克，水煎取汁调酒饮。

◎**急性肠胃炎、痢疾：**
南天竹根15克，金银花9克，水煎服。

第五章

辨清体质养对花

　　人的体质分为九种，每种体质都有各自的特点，而花草的功能也多种多样，所以要辨清自己的体质养花。如果不清楚自己是什么体质，可查阅附录 2 九种体质自测表。

佛手

——安神镇静，提高睡眠质量

佛手又称九爪木、五指橘、佛手柑、福寿柑、天橘等，原产于印度，为芸香科柑橘属常绿小乔木。

佛手是香橼的变种，其花素洁淡雅，叶色泽苍翠，四季常青。其果姿态奇特，状如佛手，或裂纹如拳，或张开如指，让人感到妙趣横生，且香气浓郁，是名贵的观赏花卉。

当你想让室内充满香气的时候，可以选择佛手。它不单单能够清新空气，还可以让人感到轻松快乐，和杜松混合就是最佳的空气清新剂。

佛手的香气有安神镇静的功效，经常闻之，可提高睡眠质量。在工作遇到挫败时还可帮助你，保持清静和振奋精神，恢复信心。

佛手药用价值也非常高，全身是宝，其根、茎、叶、花、果均可入药，有镇静安眠、疏肝理气、和胃化痰、解痉解酒的功效，主治肝气郁结之胁痛、胸闷、肝胃不和、脾胃气滞之脘腹胀痛、嗳气、恶心、久咳多痰等症；佛手的根有顺气止痛的功效，主治四肢酸软等症。佛手在春季采花摘果，秋季挖根，全年采叶，晒干备用。

嗳气，就是我们俗称的"打饱嗝""饱嗝"，这是各种消化道疾病常见的症状之一。尤其是反流性食管炎、慢性胃炎、消化性溃疡和功能性消化不良，多伴有嗳气症状。虽说毛病不大，但也是肠胃不好的一种反应，要及时治疗。如果出现这种症状，就可以尝试一下佛手花茶，做法是：取佛手花9克、绿茶20克，用沸水冲泡。

当有食欲上的困扰时，也可以依靠佛手柑来解决，通过薰香，加热后让香味扩散空中，帮你增加食欲。

佛手的花和果实均可食用，泡茶、熬粥、炖汤都可，香味宜人，且营养丰富，有一定的食疗作用。例如，取鲜佛手花50克，白糖腌制晒干，用开水泡饮，有舒肝止痛的功效，对肠胃还有好处，可

佛手

以缓解嗳气的症状。还有一款疏肝理气的二花参麦茶，做法是：取佛手花、厚朴花、红茶各3克，橘络2克，党参、炒麦芽各6克，研成细末，沸水冲泡。虽然制作方法很简单，但是作用不小，还有健脾化痰的功效，适用于梅核气等症。

还可以用佛手来泡酒，以达到疏肝理气的作用，做法是：取佛手花10克，丁香6克，浸入100毫升黄酒中，隔水炖沸饮。有理气和胃、降逆止痛的功效，胃痛的人可常饮。

佛手杀菌的功效不亚于薰衣草，能预防病毒的传播的效。用佛手提炼出的佛手柑精油，有着极好的抑菌作用，对于脸部痤疮、青春痘有很好的效果。当你在晚间做面部保养时，调配佛手柑精油在面霜里，就能轻松帮你解决痘痘问题。

二花参麦茶

药用小偏方

◎**痰湿咳嗽：**
鲜佛手10克，切片，加生姜片6克，水煎去渣，加白砂糖温服，每日1次。

◎**哮喘：**
佛手15克，藿香9克，姜皮3克，水煎服用。

◎**呕吐：**
佛手花、黄芩各10克，竹菇15克。

◎**夏日伤暑：**
佛手花、厚朴花、扁豆花各10克，石菖蒲3克，水煎服。

◎**跌打损伤：**
佛手叶适量，捣烂加酒调敷患处。

🌸 养花必知

佛手的花和果实，象征着吉祥和幸福，古人常用来作为馈赠友人的佳品。常放在客厅等地。很多人把它和灵芝放在一起摆设，衬托出居室的古色古香，雅趣多多，可静心养神。

佛手属喜光植物，生长发育需要充足的阳光；对温度适应性强，生长适温为10~31℃；应选择疏松、肥沃而又透气、渗水性能良好的砂质土壤；需适当的水分，过多则霉根，过少则掉叶，盆栽的盆土以"干而浇水，湿而不浇"为准；盆栽佛手7~15天上肥一次，用农家肥须与清水配成淡肥，饼肥与复合肥少量放置盆内即可；可用扦插和嫁接繁殖。

平和体质

米兰

——补气血，益心气

米兰又称米仔兰、鱼子兰，古时称为珍珠兰，原产于我国南方及东南亚地区，是楝科米兰属常绿灌木或小乔木。

米兰能吸收二氧化碳、氯气、三氯乙烯、苯、氟化氢、苯酚、乙醚等有毒气体。据测定，米兰摆放于含氯气的空气中4小时左右，其1千克叶子能吸收4.8毫克氯气。

米兰的花、枝、叶均可药用，可补气血，益心气。花含米兰醇，其性平和，有行气解郁、疏风解表、清凉宽中、醒酒止渴功效，可治胃腹胀满、噫嗝初起、咳嗽、头昏、感冒等疾病。米兰枝、叶，有活血化痰、消肿止痛的作用，主治跌打损伤、风湿性关节炎、疮痛等症。需要注意的是，在《四川中药志》中记载：米兰花有"催生作用，孕妇忌服"。此外，

健康功能	有害成分简式
吸收二氧化碳	CO_2
吸收氯气	CI_2
吸收三氯乙烯	C_2HCl_3
吸收苯	C_6H_6
吸收氟化氢	HF
吸收苯酚	C_6H_6O
吸收乙醚	$C_4H_{10}O$

米兰散发的香气还具有一定的杀菌作用。米兰一般在5~10月采花，枝叶随时可采，鲜用或晒干备用。

小叶米兰的花，可熏制茶叶，提取香精，还可以煮粥，有很高的食疗价值。最便捷常用的就是米兰花茶，随取米兰、绿茶各适量，用沸水泡饮，有提神消卷、醒酒的功效，可治疗噫嗝初起、咳嗽头痛等症。还可以单独取米兰花9克，用开水泡饮，对醉酒有效。平时也可以用米兰煮粥做早餐，取粳米60克煮到快要熟时，调入点米兰末就可以了，这款粥适合患梅核气的人经常食用。

痛经是女人的常见症状，也是女人的困扰所在。痛经的原因很多，其中有气滞血瘀造成的。有一款四味米兰花汤，可以有效缓解这种类型的痛经。做法是：

米兰

取米兰花、米兰叶、红花、延胡索各10克，水煎服。

　　而用米兰花泡酒可以治疗闭经。做法是：取米兰花10克，黄酒50毫升，水少许。将材料一起放于瓷杯中，放入锅内隔水炖沸，趁温饮用。于月经初潮前3天开始服，每日1次，连服5日为1个疗程，治闭经效果明显。

　　另外，米兰和菊花配伍，还可以治疗高血压。做法是：取米兰10克，菊花30克，分3~5次放入瓷杯中，用滚开水冲泡，温浸一会儿，待茶凉后即可饮用。要坚持饮用一段时间才有效。

🌸 养花必知

　　米兰四季常青，夏秋季持续开花，花朵金黄串串，花香馥郁，沁人心脾。有诗赞曰："瓜子小叶亦清雅，满树又开米兰花，芳香浓郁谁能比，迎来远客

米兰花酒

泡香茶。"它的花语表达得很有哲理：有爱，生命就会开花。米兰盆栽可陈列于客厅、书房和门廊，清新幽雅，舒人身心。在南方庭院中米兰又是极好的风景树。

　　米兰喜阳光充足的环境；喜温暖，生长适温为20 ~ 25℃；喜酸性土，盆栽宜选用以腐叶土为主的培养土；生长期间浇水要适量，夏季气温高时，除每天浇灌1 ~ 2次水外，还要经常用清水喷洗枝叶并向其放置地面洒水，提高空气湿度；施肥也要适当，由于米兰一年内开花次数较多，所以每开过一次花之后，都应及时追肥2 ~ 3次充分腐熟的稀薄液肥；可在6~8月进行扦插繁殖。

药 用 小 偏 方

◎食滞腹胀：
米兰花3~9克，水煎服。

◎慢性肝炎：
米兰花、半枝莲花各10克，丹参20克，水煎服。

◎咳嗽头昏、感冒胸闷：
米兰花、连翘各9克，水煎服。

◎支气管炎：
米兰花适量，川贝末3克，开水冲泡。

◎跌打损伤、痈疮疔肿：
米兰枝或叶10克，水煎服。

平和体质

碰碰香

——淡雅香气，舒缓心绪

碰碰香又称绒毛香茶菜、苹果香草、豆蔻天竺葵、到手香，原产于非洲好望角，在我国有广泛种植，为唇形科香茶菜属多年生草本植物。

碰碰香发出香味的原因和含羞草"害羞"的原理相似，当它的叶片受到触碰的刺激时，其胞内的水分会发生作用，使叶枕的膨压发生变化。与含羞草不同，碰碰香的叶片在膨压作用下不会收缩，而是内部用于透气的气孔扩张，一种易于挥发的带有苹果香味的物质就顺着气孔扩散到空气中。其实，平时碰碰香也会发出微弱的香味，只是这种香味较淡不容易被人察觉，当它的叶片受到触碰时，这种香味变浓了，才会使人们感觉一碰它就香。

碰碰香的叶子释放的挥发性精油，能提神醒脑，清热解暑，舒缓心绪。其香味在夏天能起到驱逐蚊虫的效果，平时则能杀灭空气中的微生物和细菌，减少感冒、伤寒、喉头炎等病的发生率。碰碰香一般都随用随采。

如果家里种植了碰碰香的话，可以随时摘取叶片，用来泡茶、浸酒，奇香诱人，还可缓解肠胃胀气及预防感冒；也可以做成饮料，常饮可缓解喉咙痛，还可入佳烹饪，煲汤、炒菜、凉拌皆可。捣烂后外敷可消炎、消肿并可保养皮肤。

🌼 养花必知

碰碰香宜盆栽观赏，闻之令人神清气爽，深受人们喜爱。宜放置在高处或悬吊在室内，也可作几案、书桌的点缀品，既香气袭人，又方便使用。

碰碰香喜欢阳光充足的环境，强光下肉质叶片才会厚实，光照不足叶子会变扁而薄；喜温暖，生长适温为18~25℃，冬季需要5~10℃的温度；喜疏松、排水良好的土壤；生长期土壤要见干见湿，阴天应减少或停止浇水，每月施一次稀薄液肥即可；主要采用扦插法繁殖。

碰碰香

牵牛花

——赶走燥热不安

牵牛花又称喇叭花、牵牛、朝颜花、勤娘子，原产于亚洲和非洲热带，现世界各地均有栽培。牵牛花花期在6~9月，清晨开放，9点后凋谢，为旋花科牵牛属一年生蔓性缠绕草本花卉。

牵牛花有很高的药用价值，全株均可入药，以种子效果最好。种子含有牵牛子甙，对肠道有刺激作用，所以可以泻下。此外还有利尿、消肿、驱虫的功效，主治肾炎水肿、肝硬化腹水、大小便不利等症。需要指出的是牵牛花种子入药须先捣碎。棕黑色种子入药称黑丑，黄褐色种子入药称白丑，但是黑丑、白丑均有毒，内服忌过量。一般在7~10月采果实，晒干备用。

牵牛花治疗肾炎水肿效果显著。肾脏是身体排出水分的主要器官，当肾脏患病时，致使水分不能排出体外，潴留在体内时，称为肾性浮肿。水肿是肾脏疾病最常见的症状，轻者眼睑和面部水肿，重者全身水肿或并有胸水、腹水。最常见的应该是指凹性水肿，即用手指按下去会看到有凹陷出现。这时除了药物治疗之外，还可以借助于你阳台上的牵牛花，做法是：取牵牛籽20克，研成细末，开水送服。服用后症状会有明显缓解，而且完全没有副作用。

🌸 养花必知

牵牛花攀附力很强，若用来点缀房前、屋后、篱笆、墙垣、亭廊、花架，饶有风趣。

牵牛花喜充足的阳光环境；喜高温，不耐寒，生长适温为20~35℃；喜肥沃疏松的沙壤土；生长期间保持"不干不浇"的原则即可；生长期15天追施一次液肥；一般用播种繁殖。

药 用 小 偏 方

◎**肝硬化腹水：**
牵牛籽9克，小茴香6克，共研成细末，空腹服。

◎**便秘：**
牵牛籽5克，桃仁15克，水煎服。

◎**食滞：**
牵牛籽5克，鸡屎藤30克，水煎服。

◎**雀斑、粉刺：**
牵牛籽适量，研成细末，与鸡蛋清适量调和，外敷患处。

牵牛花

气虚体质

金橘

——开胃生津，补气益气

金橘又称金柑、夏橘、金枣、寿星柑，也是柑橘类水果之一，花期较长，4~7月开花不断，为芸香科金橘属常绿灌木或小乔木。

金橘叶及果实气味芬芳，均能有效杀灭细菌，有保护皮肤和呼吸道的作用，还能舒缓疲劳；能疏通室内空气，对二氧化硫有很强的抗性，还能吸收汞蒸气、铅蒸气、乙烯和过氧化氮。

金橘有一定的药用价值，金橘的果实、果皮、种子、叶和根均可以入药，可理气解郁，化痰止渴，消食，醒酒。金橘能增强机体抗寒能力，可以防治感冒、降低血脂。适宜胸闷郁结，不思饮食，或伤食饱满，醉酒口渴之人使用；适宜急慢性气管炎、肝炎、胆囊炎、高血压、脑血管硬化者服用。

健康功能	有害成分简式
对二氧化硫有抗性	SO_2
吸收汞蒸气	Hg
吸收铅蒸气	Pb
吸收乙烯	CH_2
吸收过氧化氮	NO_3

金橘营养丰富，据检测，金橘果皮中还有丰富的维生素C，几乎可和猕猴桃媲美，对肝脏之解毒功能、眼睛的养护、免疫系统的保健皆颇具功效；对维护心血管功能等疾病有一定的疗效。金橘果实含丰富的维生素A，可预防色素沉淀、增加皮肤光泽与弹性、减缓衰老、避免肌肤松弛生皱，也可预防血管病变及癌症，更能理气止咳、健胃、化痰，预防哮喘及支气管炎。金橘亦含维生素P，是维护血管健康的重要营养素，能强化微血管弹性，可作为高血压、血管硬化、心脏疾病的辅助调养食物。此外，金橘还有丰富的胡萝卜素、脂质、蛋白质、无机盐、铁和锌等微量元素，营养价值较高。

成熟的金橘果实十分美丽，又是酸甜可口的水果。可以泡茶、制成蜜饯、糕点、浸酒、煮粥，还可加工成

金橘

果酱、金橘糖饼、金橘汁等，饮金橘汁能生津止渴，加萝卜汁、梨汁饮服能治咳嗽。

这里介绍一款金橘蜜酒，做法是：取鲜金橘800克，浸入1800毫升白酒中，加蜂蜜20毫升，2个月后即可饮用。此酒有行气之效，适用于胃肠功能紊乱等症。

现代药理分析认为，金橘皮含有挥发性芳香油，其成分为柠檬萜、橙皮甙、脂肪酸，对消化道有缓和的刺激作用，有助于消化。金橘还对妇女的经前乳房胀痛，早期急性乳腺炎的疗效极为显著。

金橘蜜酒

🌸 养花必知

金橘四季常青，葱茏翠茂。开白色的小花，清香宜人，金橘成熟之后色黄如金，别有情趣，且营养丰富，一直被人们所珍爱，被称为"味悦人口，色悦人目，气悦人鼻，誉悦人耳"。盆栽金橘多放在客厅、卧室等地，可以为居室增添一份喜气，也可以增加财运，有利于人体健康。

金橘喜阳光充足环境，稍耐阴；喜温暖，不耐寒，生长适温为20~25℃，冬季温度不得低于7℃；土壤以疏松、肥沃的微酸性土壤为最好；喜湿润，春季要保持盆土湿润，夏季要向叶片及周围洒水；喜肥，每半月施一次稀薄饼肥水，果成熟时停止施肥；主要用嫁接繁殖，枝接宜在3~4月进行，芽接宜在6~9月进行。

药用小偏方

◎**感冒：**
鲜橘皮适量，水煎取汁，加白糖适量饮用。

◎**慢性支气管：**
金橘叶适量，晒干研成细末，开水送服，痰浓或痰中带血者加冰糖水适量送服。

◎**慢性胃炎：**
金橘皮30克，以黄酒与水合煎，取汁服。

◎**痢疾：**
鲜金橘50克，龙眼肉15克，冰糖15克，空腹温开水送服。

◎**水肿：**
鲜橘叶适量，煎甜酒服。

◎**跌打损伤：**
取金橘叶适量，捣烂外敷患处。

气虚体质

蔷薇

——松弛神经，宽心健脾

蔷薇又称十里香、七姐妹、蔷蘼、刺玫等，原产中国黄河流域及以南地区的低山丘陵、溪边、林缘及灌木丛中，花期一般为每年的4~9月，次第开放，可达半年之久，为蔷薇科蔷薇属落叶小灌木。

蔷薇有一定的药用功效，其花、根、茎、叶、果实均可以入药。蔷薇根，有清热、利湿、祛风、活血、解毒功效，主治肺痈、关节炎、尿频、无名肿痛、跌打损伤等。蔷薇果实，中药名营实，有利水除热、活血解毒功效，可治水肿、脚气、经期腹痛等。蔷薇的叶和枝，能治痈疽疮毒、皮肤溃疡。蔷薇花有理气、清暑热、和胃、止血的功效，主治水肿、脚气、经期腹痛等症。蔷薇花一般在5~6月择晴天采花，茎、叶、根随时可采。成熟果实，晒干或阴干备用。

用蔷薇泡茶、煮粥、烧菜，不但味道可口，而且营养丰富，还有一定的食疗价值。

一到炎热的夏季，很多人容易中暑，中暑就会伴随发热、乏力、皮肤灼热、头晕、恶心、呕吐、胸闷等症状，如果家里种了蔷薇的话，就可以现取现用，取蔷薇花、扁豆花各10克，开水冲泡，并加适量冰糖调味；还可以用薄荷和蔷薇花各10克，沸水泡饮，薄荷本身有清热解毒的作用，两者放在一起，效果更佳。

对于食欲不振的人来说，蔷薇花粥是一道不错的食疗佳品。做法是：取蔷薇花15克，山药20克，粳米50克。将山药切成丁状，和蔷薇花及淘净的粳米熬煮成粥，分顿随量食用，1日内服完，连服1周为1个疗程。

蔷薇花也可入菜肴，比较简单的就是用蔷薇花炒肉片，不但味道清香爽口，还有明显的食疗效果。做法是：取猪肉150克，豌豆苗20克，鲜蔷薇花20克，鸡蛋清适量，调料适量。猪肉切片用鸡蛋清腌渍好，豌豆苗、鲜蔷薇花洗净；将猪肉放入六成热的油锅中煸炒片刻，放入豌豆苗、鲜蔷薇花，加调料炒熟即

蔷薇

可出锅。这道菜不仅味道鲜美，还可清暑化湿、顺气和胃、补益气血、养颜美容。

蔷薇花还可以和绿茶搭配泡茶饮用，有清热化湿、顺气和胃的功效。做法是：取蔷薇花、绿茶各3克，用沸水冲泡。此款茶还比较适合口腔溃疡患者饮用。

 养花必知

蔷薇花大都于初夏开放，花繁叶密，有白、粉红、红等几种颜色，白色的有香气，花香诱人。白居易有诗："乍见疑回面，遥看误断肠。风朝舞飞燕，雨夜泣萧娘。"盆栽可以放在向阳的窗台上，这样植物即使在室内也能够吸收到阳光，生长良好。而且摆放在这里，每当主人或者客人往窗外望时，不仅可以看到窗外的风景，还能看到欣欣向荣的蔷薇，看到她优雅的花姿，闻到蔷薇花朵的芬芳。蔷

蔷薇花茶

薇也可以摆放在卧室，人大约三分之一的时间用在睡眠上，倘若在卧室向阳的地方摆上一两株蔷薇，日夜吸收房间的废气，日积月累，对主人的身体也是十分有好处的。

蔷薇喜阳光充足，光照越充足，其花开得越盛；蔷薇喜润而怕湿忌涝，从萌芽到开花前，可适当多浇点儿水，以土润而不渍水为度，花后浇水不可过多，土要见干见湿，雨季要注意排水防涝；喜肥，亦耐贫瘠，3月可施1~2次以氮为主的液肥，促长枝叶，4~5月施2~3次以磷钾为主的肥料，促其多孕蕾多开花，花后再施1次复壮肥后可不再施肥；花后修剪时，可选当年生半木质化的健壮枝条扦插繁殖。

药 用 小 偏 方

◎ **肾炎水肿：**
蔷薇花6克研碎，红枣3个，水煎服。

◎ **小便不利：**
蔷薇果10克，车前草、萹蓄各30克，水煎服。

◎ **无名肿痛：**
黄蔷薇嫩叶适量，捣烂敷患处。

◎ **痢疾：**
蔷薇根、小飞扬草各15克，水煎服，

◎ **痔疮出血：**
蔷薇根30克，水煎服。

荷花

湿热体质

——去湿消风，解毒清热

荷花是我国传统十大名花之一，又称莲花、水芙蓉，花期在
6～9月，为睡莲科莲属多年生水生草本花卉。

荷花除了它的美丽之外，还有一定的药用价值。荷花全身是宝，自叶到茎，自花到果实，真是无一不可入药的。6~8月采花、莲须，6~9月采叶、蒂、梗，8~10月采莲子，秋、冬、初春挖藕。

荷花，有清热祛湿、活血止血、清热解毒等功效，可治湿疹、跌打损伤、吐血等症。

荷叶，色青气香，不论鲜叶和干叶，均可入药。鲜叶有清暑、解热、利湿、止血等功效。现代药理研究表明，荷叶还有降血脂、降胆固醇的作用，可防治动脉硬化、冠心病。

荷梗，有清热解暑、顺气平火、宽中理气、通乳的功效，对中暑头晕、胸闷、乳汁不通、肠风便血等疾病有效。

荷须，可清心、固肾、除烦，治梦遗滑精、白带过多等症。

荷蒂，有清暑利尿、安胎止血等功效，对中暑引起的头晕、头痛及脱肛、胎动不安有效。

莲房，是散瘀、治带的良药，可治产后胎衣不下、瘀血腹疼、崩漏带下、子宫出血等症，外用可治湿疹等。

莲子，有健脾止泻、养心益肾、涩肠等功效，可治疗遗精、白带过多、慢性腹泻、心悸失眠等症。莲子对胃肠有保护作用，并可增强人体免疫机能，有抗衰老作用。另外，莲子还适用于轻度失眠人群。

莲子心，就是莲子中的青绿色胚芽，有清热固精、安神、降压、强心功效，可治高热引起的烦躁不安、神志不清等症。

荷花

莲藕，不仅是大家比较熟知和喜爱的食物，而且它还可以药用，有凉血散瘀、止渴除烦的功效，可治咯血、吐血、尿血、热病烦渴等症状，止血尤以藕节效果为佳。

荷花除了具有诸多的药用价值，还有非常高的营养价值。荷花、荷叶、莲子、藕含有人体所需的蛋白质、碳水化合物、胡萝卜素、硫胺素、核黄素、烟酸、微量元素钾、钙、磷等营养成分。因此，用荷花烹制出的美味佳肴，可滋补身体、美容养颜、强身疗病。

下面就介绍一款荷叶冬瓜汤，做法是：取荷叶1张，水煎取汁，与冬瓜500克同煮，加调料适量，煮沸即可饮用。这款汤有清热解暑、利尿除湿、生津止渴的功效。另外，荷叶茯苓粥也有健脾去湿的作用，做法是：荷叶1张，水煎取汁，加茯苓30克，粳米60克煮粥，

荷叶冬瓜汤

这款粥不仅味道可口，还有清热解暑、宁心安神的功效。

养花必知

荷花雅丽素洁，亭亭玉立，清香阵阵，赏心悦目，格调高雅，被称为"花中君子"，可用缸盆栽植，摆放于庭院、台阶、门前等处装饰环境。小型荷花可种植小盆内，摆放在阳台和窗台上点缀家居，赏心悦目，清丽宜人，幽香暗袭。

荷花喜充足光照，不耐阴；喜温暖，生长适温为20~30℃；以富含腐殖质、肥沃的黏性土壤为宜；喜水，以浅水为宜，怕大水淹没叶片，忌干旱；栽种前要施足基肥，生长期要勤施薄肥；可用分藕和播种的方法进行繁殖。

药用小偏方

◎**中暑吐泻、烦热口渴：**
鲜荷叶适量，捣烂挤汁，冷开水冲服。

◎**胎动不安：**
荷蒂7枚，南瓜蒂2枚，用水煎服。

◎**高血压、头晕目眩：**
莲心、远志各6克，草决明12克，水煎服。

◎**暑热烦渴：**
鲜藕250克，切片加白糖适量煎汤服。

◎**高脂血：**
鲜荷叶、冬瓜皮、老南瓜皮各30克，水煎服。

凤仙花

——驱走风湿疼痛

凤仙花又称指甲花、透骨草、金凤花、洒金花、好女儿花、急性子、染指甲花、小桃红等，原产于我国和印度，花期为6~8月，为凤仙花科凤仙花属一年生草本花卉。

凤仙花因其花头、翅、尾、足俱翘然如凤状，故又名金凤花。因为它的籽荚只要轻轻一碰就会弹射出很多籽儿来，加上此种子又有催生作用，故还被叫作"急性子"。

凤仙花能吸收二氧化硫、三氧化硫等有害气体，从而达到净化空气的目的。尤其对氟化氢非常敏感，如果空气中有氟化氢，凤仙花则马上叶枯花残，因此还可以对空气进行检测。

凤仙花种类和颜色也是多种多样的，最常见的就是红、白、黄、粉、紫等几种颜色。如果入药的话还是以红白两色为佳，白花祛风止痛的效果比较突出，是用于治疗风湿性关节炎的良药，而红

健康功能	有害成分简式
吸收二氧化硫	SO_2
吸收三氧化硫	SO_3
对氟化氢敏感	HF

花调经止血的效果比较明显。凤仙花一般6~8月采花，花开后采全草，8~9月采种子，鲜用或阴干备用。

凤仙花具体的功能主要有：花有活血消肿、祛风止痛、抗肿瘤、抑制绿脓杆菌的作用，花瓣捣碎后加大蒜汁等黏稠物，可以用来治疗灰指甲；茎、种子有活血行瘀的功效，鲜种子为解毒药，有通经、催产、祛痰、消积块的功效，孕妇忌服；根有活血通经、消肿软坚的功效。

另外，凤仙花全草还主治跌打损伤、毒蛇咬伤、鹅掌风、风湿性关节炎。其中关节炎就是发生在关节上的病变，风湿性关节炎就是其中的一种，多发生在肘和膝这些人体的大关节上，多是因经脉血闭阻不通出现的疼痛。那么去痛当然就得祛除经络的邪气，疏通气血。凤仙花就可以活血通经、祛风止痛，所以很多人就用凤仙花来治疗风湿性关节痛。

凤仙花

湿热体质

凤仙花无异于一个家庭小医生，当主人不幸患上小病之后，用其可以进行及时的治疗，方便快捷。

这里给大家推荐一款祛风止痛的凤仙花酒，效果显著。做法是：取新鲜的凤仙花全草 300 克，在清水中洗净，然后在 500 毫升的白酒里浸泡 3 天，就可以饮用。每次饮用 10~15 毫升，每天 2 次，可以去风湿、活血。白酒有通血脉、散瘀血、御寒气、消冷肌的效果，因此用酒送服中药，可以增强活血通络和祛风散寒的作用。

养花必知

凤仙花色彩鲜艳，风姿清丽，盛开时花形宛如金凤，秀美动人，深受人们喜爱。一般在庭院和阳台种植的比较多，也可以放在室内电视旁和厨房，可以体

凤仙花酒

药用小偏方

◎ **哮喘：**
凤仙花全草适量，水煎成浓汁，擦洗背部。

◎ **疝气：**
凤仙花籽 4.5 克，川楝子 10 克，橘核 6 克，研成细末，白酒冲服。

◎ **痈疮肿痛：**
鲜凤仙花全草适量，捣烂敷患处。

◎ **风寒腰酸：**
凤仙花 10 克，枸杞子 50 克，浸于 500 克白酒中，3 日后即可饮用。

◎ **痈疽：**
凤仙花 15 克，水煎服；或凤仙花适量，捣烂敷患处。

现健康的家居风格；而放在客厅，可以尽显凤仙花的绚烂多姿。凤仙花可使室内空气湿度保持极佳状态，鲜艳的色彩还让家居增添不少春天的气息。

凤仙花喜阳光充足的环境，忌强光暴晒；生长适温为 17~20℃，冬季不低于 12℃可安全越冬；栽培以肥沃、疏松和排水良好的腐叶土为宜；喜湿润，生长期宜充分浇水，保持盆土湿润，夏、秋多向周围环境喷水，以保持一定的空气湿度；每半月施 1 次磷、钾肥；繁殖可在春季至初夏进行扦插繁殖。

湿热体质

鸡冠花

—— 天然的妇科良药

鸡冠花又称鸡髻花、老来红、芦花鸡冠，原产于非洲、美洲热带和印度，现世界各地广为栽培，为苋科青葙属一年生草本植物。

鸡冠花的花、叶、茎、种子均可入药。中医认为，鸡冠花具有止血、凉血、止带、止痢、止淋等功效，可用于治疗功能性子宫出血、肠风下血疾病。明代李时珍在《本草纲目》中有所记载：鸡冠花"主治痔漏下血，赤白下痢，崩中赤白带下，分赤白用"。鸡冠花茎能治疗痔疮、痢疾、遗精、荨麻疹、吐血等症；鸡冠花种子，中药名叫青葙子，有清肝、明目、降压的作用。鸡冠花一般 8~10 月采花和种子，茎叶随时可采，鲜用或阴干备用。

女性朋友经常受到月经不调、带下

鸡冠花

症的困扰，这种病的发生多与肝脾等脏腑有着很重要的关系，而鸡冠花是入肝经的，它在养肝的同时可以补脾止带，是治疗带下病的传统良药。如有阴道滴虫病，可将白鸡冠花晒干后研末，用米汤送服，每次 6~10 克，每天 3 次。此方法对其他类型的阴道炎症和白带过多等也有效果。

近年来，国外科学家对鸡冠花进行了深入研究，它含有极为丰富的营养成分，为高蛋白食物，其种子的蛋白质含量高达 7.3%，含脂肪、叶酸、维生素 C 等 21 种维持人体营养平衡所需的氨基酸，以及 12 种微量元素和 50 多种天然酶、辅酶，被称为"生物能源植物"。

鸡冠花不仅是一种妍丽可爱的药用花卉，还是一味不可多得的药食俱佳的食材。鸡冠花营养全面，风味独特，堪称食苑中的一朵奇葩。形形色色的鸡冠花美食，如花玉鸡、红油鸡冠花、鸡冠花蒸肉、鸡冠花豆糕、鸡冠花籽糍粑等，各具特色，又都鲜美可口，令人回味。

在此介绍一款不错的鸡冠花食疗菜——鸡冠花炒虾仁。做法是：先将鸡冠花去籽，洗净后撕成片浸泡在水中，可以买现成的虾仁，葱要去掉头须和尾部，取中间部分切成段，姜切成小丁；锅放油，油热后放入葱、姜、虾仁一起翻炒，接着放入盐和鸡冠花，待虾仁熟了之后就可以装盘了。这道菜不仅味道鲜美，而且对女性月经量过多，或经血不止有很好的疗效。

此外《集效方》里还记载了鸡冠花治疗月经过多、经血不止的方法，做法是：取适量红色的鸡冠花，晒干后浸泡在1升酒里，空腹时饮用。每次服用10~20毫升。但是服用此药酒时，一定不能吃鱼腥、猪肉类食物。

鸡冠花酒

药 用 小 偏 方

◎**慢性肠炎：**
鸡冠花、石榴皮、白头翁、泽泻各10克，山药、云茯苓各20克，水煎服。

◎**吐血、咯血：**
鸡冠花、侧柏叶各30克，血余炭15克，水煎服。

◎**尿路感染：**
白鸡冠花30克，水煎服。

◎**青光眼：**
干鸡冠花、干艾根、干杜荆根各15克，水煎服。

◎**鼻衄：**
白鸡冠花、侧柏叶、旱莲草各30克，水煎服。

◎**荨麻疹：**
鸡冠花30克，水煎内服外洗。

养花必知

鸡冠花花姿绰约，气宇轩昂，其形态俨如一只羽翼丰满、体魄健壮、凌空而立、昂首欲啼的大公鸡。寓意着长寿、幸福、繁荣、富强，深受人们喜爱。可在花序长成之后移入室内，布置于书桌、茶几、窗台等处，不宜低放。

鸡冠花喜阳光充足的环境，光照不足，会使茎叶徒长，叶色变淡，花朵变小；喜温暖，生长适温为18~25℃，冬季不低于10℃可安全越冬；喜肥沃、排水良好的砂质土壤；喜干燥，怕水涝，生长期间要每天浇1次水，保持土壤稍干燥的状态；喜肥，生长期间可以每半月施1次稀薄液肥；可在4~5月进行播种繁殖。

湿热体质

山茶花
——收敛、凉血佳品

　　山茶花又称玉茗花、川茶花、耐冬等，原产于我国长江流域和西南各地，为山茶科山茶属常绿灌木或小乔木山茶之花。

　　山茶花可抗烟尘、驱污染，对二氧化硫有很强的抗性，对硫化氢、氯气、氟化氢和铬酸烟雾也有明显的抗性，适用栽种于有有害气体污染的工厂区。据污染区测试，1千克山茶花干叶片，能吸收 3.53 克氯气，可起保护环境、净化空气的作用，即使在多种有毒气体中，仍能含艳吐芳。

净化功能	有害成分简式
对二氧化硫有抗性	SO_2
对硫化氢有抗性	H_2S
吸收氯气	Cl_2
对氟化氢有抗性	HF
对铬酸烟雾有抗性	H_2CrO_4

　　山茶花还有较高的药用价值，以根、花入药。中医认为，山茶花性凉，入肝、肺二经。具有凉血、止血、散瘀、消肿、清热、养心等功效。可用于治疗吐血、咯血、鼻血、创伤出血、血痢、血崩、肠风下血、痔疮出血、血淋、跌打损伤、烫伤等症。山茶花一般在初春含苞待放或初放时采花，叶、根全年可采，鲜用或焙干、晒干备用。

　　其实，在山茶花具有的诸多功效里，应对胃出血出现的不适症状有明显效果。胃出血俗称上消化道出血，40% 以上是由胃、十二指肠溃疡导致。工作过度劳累、日常饮食不规律、情绪异常紧张及有消化道病史的人群容易发病。美丽的山茶花可以对此病症有所缓解，可参考的方子为：取山茶花 10 朵，鲜玉簪花 10 克，三白草 15 克，用水煎服。

　　山茶花含有丰富的蛋白质、脂肪、氨基酸、淀粉和矿物质，可调节神经，促进新陈代谢，提高机体免疫力，并具有美容润肤的作用。因此自古以来，山茶花也可以入食，其花粉、花蜜也一直被作为高级营养滋补品，经常服用能强身健体、延缓衰老。近几年来，食用山茶花正成为一种新的饮食

山茶花

潮流。

下面介绍一款山茶花粥，做法是：山茶花 5 朵，大米 50 克，白糖少许。将山茶花择洗干净，切细备用。大米淘净，煮粥，待熟时调入山茶花、白糖，再煮一二沸即成。每日 1~2 剂，连服 3 ~ 5 天。可清热解毒，治疗痢疾。

还可以用黄酒炮制成山茶黄酒饮，可活血化瘀，适用于跌打损伤，瘀滞肿痛。做法是：取山茶花 10 克，黄酒 100 毫升。将山茶花洗净，切细，待黄酒煮沸后，下山茶花煮沸即成，每日 1 剂，连服 5 ~ 7 天。

山茶花花姿丰盈，端庄高雅，花盛开时，极其灿烂热烈，为我国传统十大名花之一，也是世界名花之一。山茶藐视风寒，傲霜斗雪，顶凌怒放，开放在

山茶花粥

寒风细雨的农历十一月，花朵五彩缤纷，有大红、粉红、紫白、纯白等。在家中客厅摆放一两株山茶花的盆栽，可使您家中更加绿意盎然让人充满活力。小型盆栽不仅能用来点缀客厅、卧房，还能用来装饰书房，让书房呈现一种典雅的气氛。

山茶花对光照要求不高，全日照和半日照均可；性喜冷湿气候，不耐高温，生长适温为 18 ~ 25℃；栽培以含湿度高的砂质土壤较合适；适宜水分充足、空气湿润环境，忌干燥，高温干旱的夏秋季，应及时浇水或喷水，空气相对湿度以 70% ~ 80% 为好；不能施肥过量，不能施浓肥；主要利用扦插来繁殖。

药用小偏方

◎**咳嗽、咯血：**
山茶花、红花各 15 克，白及 30 克，红枣 120 克，水煎服。

◎**跌打损伤：**
山茶花根 20 克，水煎服；或用山茶花根研末，用醋调敷患处。

◎**痔疮出血：**
山茶花、槐花各 10 克，地榆炭 12 克，水煎服。

◎**痈疽：**
山茶花、山茶叶适量，捣烂敷患处。

◎**白带过多：**
白山茶花 12 克，白鸡冠花 30 克，水煎服。

阳虚体质

萱草

——清凉败火良药

萱草又称黄花菜、金针菜、忘忧草等名，原产于我国、西伯利亚、日本和东南亚，花期6~7月，为百合科萱草属多年生宿根草本植物。

萱草花是清凉败火的良药，花、苗有生津止渴、清热解毒、止血利尿的功效；根有利水凉血、解毒消肿的功效。主治口干咽燥、吐血、咯血、便血、产后缺乳、肥胖症、动脉硬化、高血压、高脂血、肝炎、腮腺炎、尿道感染等症。萱草一般春季菜苗，夏季采花，蒸馏后晒干备用，秋季采根，鲜用或晒干备用。

另外，萱草还是美丽的解郁花。现代都市人生活压力大，常常感到生活不顺心、忧愁太多、闷闷不乐、失眠多梦、

萱草

痰气不清等。这时就可以用萱草煎汤饮用，做法是：取萱草花30克，郁金、合欢花、贝母、柏子仁各6克，陈皮、半夏各3克，桂枝、甘草各1.5克，白芍4.5克，用水煎服。虽然此方法药材用得比较多，取材相对麻烦，但是效果是非常显著的。

其实，我们日常食用的黄花菜就是萱草的花蕾。黄花菜含有丰富的营养，被称之为"健脑菜"，这是因其含有丰富的卵磷脂，这种物质是机体中许多细胞，特别是大脑细胞的组成成分，对增强和改善大脑功能有重要作用。同时能清除动脉内的沉积物，对注意力不集中、记忆力减退、脑动脉阻塞等症状有特殊疗效，具有较好的健脑，抗衰老功效。萱草花还含有钙、铁、磷等微量元素，维生素A、维生素B、维生素C、胡萝卜素等，是我们传统的"山珍"之一，并和木耳、香菇和玉兰片称为干菜的"四大金刚"。

另据研究表明，黄花菜能显著降低血清胆固醇的含量，比较适合高血压患者食用，可作为高血压患者的保健蔬菜。萱草花中还含有效成分能抑制癌

细胞的生长，丰富的粗纤维能促进大便的排泄，因此可作为防治肠道癌瘤的食品。总之，常食黄花菜对人体健康颇有益处。

黄花菜可以熬粥、凉拌、煲汤、入菜肴等，这里推荐一款黄花菜粥，做法是：取黄花菜、马齿苋各20克，水煎取汁，再加上粳米100克熬煮成粥。此粥有健脾益气、和胃止泻的功效。

黄花菜好处多多，还有一定的美容功效，常吃能滋润皮肤，增强皮肤的韧性和弹力，可使皮肤细嫩饱满、润滑柔软，皱褶减少、色斑消退，从而达到美容养颜的功效。但是需要注意的是鲜黄花菜是需要在水中浸泡2个小时，煮熟后才能吃，否则有毒性，吃多了会出现恶心、呕吐等中毒现象。

黄花菜马齿苋粥

药 用 小 偏 方

◎口干咽痛：
萱草花50克，胖大海10克，分5次开水冲泡，加冰糖代茶饮。

◎吐血、咯血：
萱草花10克，三七6克，白及10克，用水煎服。

◎痢疾：
萱草花、马齿苋各30克，水煎加适量红糖服用。

◎感冒：
萱草花适量，水煎加适量红糖适量服用。

◎跌打损伤：
萱草嫩苗适量，捣烂敷患处。

🌼 养花必知

萱草花花色橙黄、花柄很长，呈像百合花一样的筒状，结出来的果子有翅，形态奇特。萱草花很容易栽培，如果家里有个小庭院，可以穿插于其他花卉中间，非常喜人，食用、药用都很方便。

萱草生性强健，适应性强，喜阳光又耐半阴；生长适温为15~25℃，耐寒，华北可露地越冬；对土壤选择性不强，但以富含腐殖质、排水良好的湿润土壤为宜；喜湿润也耐旱，平时保持土壤湿润即可；生长期每月施1次稀薄液肥；用扦插方法繁殖。

阳虚体质

栀子花
——清热泻火的清香花

栀子花又称黄栀子、山栀子、白蟾花、玉荷花，原产于我国，花期在6~8月，为茜草科栀子属常绿灌木。

栀子花叶色碧绿明亮，花朵香味浓郁，有静心安神的作用，还可以吸收空气中的硫、氯气、氟化氢、氯化氢、铅蒸气等多种有害气体，净化空气效果明显。

净化功能	有害成分简式
吸收硫	S
吸收氯气	Cl_2
吸收氟化氢	HF
吸收氯化氢	HCl
吸收铅蒸气	Pb

栀子花有很高的药用价值，自古就被广泛应用，《滇南本草》中记载：栀子花"泻肺火，止肺热咳嗽，止衄血，消痰"。其花、果、叶、根均可入药，有清热、化痰、凉血、泻火的功效。栀子花的有效成分能够抑制细菌生长，释痰液而通畅气道，具有化痰止咳的功效。栀子花还含有纤维素，能促进大肠蠕动，帮助大便的排泄，预防痔疮的发作和直肠癌的发生。栀子根，可清热利湿、凉血解毒，主治肺热咳嗽、鼻中出血、胃脘疼痛、感冒发烧、黄疸型肝炎、吐血、

肾炎水肿。栀子叶有消、散毒、祛风的功效，能治跌打损伤。如果家人突然鼻血不止，可用焙干的栀子花末，撒到鼻孔内，有止血效果。栀子花一般5~8月采花，10月采果，根、叶随采随用，或晒干备用。

黄褐斑一直是爱美女性的烦恼事，因为它不仅影响容颜，而且使人看起来很显老。其实，洁白无瑕的栀子花便可以帮你消除黄褐斑。做法是：取栀子花100克，桃花52克，冬瓜子25克，白附子100克，菟丝子150克，木兰皮150克，玉竹10克，大豆黄卷75克，苜蓿50克，麝香1克，猪胰2具。将猪胰洗净，除去浮脂，共捣药为散，搅匀干燥过筛。每次用适量药末，加水洗手面即可。取材和制作虽然稍微有点复杂，但是洁面祛斑的效果较好。

栀子花含有大量芳香油，可用来熏

栀子花

茶、提取香料，或加工成果羹、蜜饯，还可以制作菜肴。介绍一款简单方便的栀子花粥，做法是：准备粳米50克，放在锅里熬煮，将要熟的时候加入栀子花10克，稍微煮几分钟即可。常喝此粥有清热凉血、平肝明目的功效。还可用栀子花拌凉菜吃，做法是：取栀子花500克，沸水焯过，加葱花、姜丝、麻油、醋、盐等搅拌均匀。有清热凉血、解毒止痢的功效。

养花必知

栀子花枝叶繁茂，叶色四季常绿，花芳香素雅，绿叶白花，显得格外清丽可爱，为庭院中优良的美化材料。它适合栽种于阶前、池畔和路旁，也可用作花篱、盆景观赏。也可以将盆栽放于向

栀子花粥

药 用 小 偏 方

◎痢疾：
栀子根同冰糖炖服。

◎气管炎：
栀子花10克，栀子花根30克，水煎服。

◎感冒发热：
栀子花根60克，水煎服。

◎便血：
鲜栀子花根30克，黑地榆9克，水煎服。

◎跌打损伤：
栀子、生姜各15克，捣烂加面粉30克，加黄酒调匀外敷患处。

◎牙痛：
鲜栀子花根90克，水煎服；或生栀子花根9克，水煎服。

阳的窗台、低柜、电视旁等处，清丽可爱，芳香满室，颇有雅趣，美化室内空间的同时还可以吸收室内污染气体。栀子花最大的特点在于它的花香，家里摆上一盆，无论走到哪一个角落都闻到栀子花沁人心脾的香气，令整个家都充满诗意。花还可做插花和佩带装饰，一朵娇俏动人的小花，不时发出清新的香味，令人流连忘返。

栀子花喜阳光充足，也耐半阴；生长适温为18~25℃，冬季可耐-10℃的低温；盆栽以肥沃、疏松、排水良好的酸性土壤为宜；喜湿润，生长期间要充分浇水，保持土壤湿润，夏季高温时要每天向叶面及其周围环境喷水；喜肥，每月要施1次磷、钾肥；若需繁殖，可在2~3月份剪取成熟枝条进行扦插繁殖。

虎耳草

——凉血止血，清热解毒

虎耳草又称金丝荷叶、石荷叶、耳聋草、金线莲，原产于我国、朝鲜，花期5~8月，果期7~11月，为虎耳草科植物多年生草本植物。

虎耳草有很高的药用价值，花叶能祛湿消肿、祛风止痛、凉血止血、清热解毒。主治耳中流脓水、皮肤瘙痒、湿疹、疮疖肿毒、风疹、丹毒等，多作外用。因有小毒，内服用量不宜过大，孕妇忌服。虎耳草一般在夏季采花，茎、根、叶全年可采，鲜用或晒干备用。

此外，值得一提的是，虎耳草对化脓性中耳炎有显著效果。化脓性中耳炎是中耳黏膜的化脓性炎症，好发于儿童，也是小儿听力损失的常见病因。婴幼儿一般都没有表达病痛的能力，患有化脓性中耳炎时常表现为不明原因的搔耳、摇头、哭闹不安。全身症状较重，发热，常伴有消化道中毒症状如恶心、呕吐、腹泻等。这时父母就要提高警惕了，除了去医院就医外，还可以用虎耳草缓解，

虎耳草

药 用 小 偏 方

◎荨麻疹：

虎耳草10~30克，青黛10克，水煎服。

◎风火牙痛或风丹热毒：

鲜虎耳草30~60克，水煎服。

方法是：取适量鲜虎耳草，捣烂取汁，加冰片粉少许，滴进耳朵就可以，可以有效减轻症状。

养花必知

虎耳草植株小巧，叶形如虎耳，正面如翡翠之绿，背侧如紫砂之红，大叶并小叶，大株连小株，红线牵手，迎风招展，十分逗人。茎长而匍匐下垂，茎尖着生小株。可挂在客厅、卧室等地，既美观又不占空间。

虎耳草喜阴，夏季室内也需遮阴，避开强光直射；生长适温为15~25℃，夏季室温不可超过30℃；生长期间盆土宜湿不宜干，夏季高温时，要控制水分，宜稍干不宜过湿；宜选疏松、肥沃和排水良好的腐叶土；生长期间每半个月施1次稀薄腐熟液肥，切忌肥液洒到叶面；一般春秋两季用播种方式繁殖。

天门冬
——生津养阴佳品

天门冬又称天冬草、武竹、万岁藤、天门草，原产于地中海沿岸，为百合科天门冬属多年生攀援草本。

天门冬根块入药，有养阴清热、润燥生津、止咳化痰的功效，主治肺结核、支气管炎、白喉、百日咳、便秘、糖尿病、疮疡肿痛等症。天门冬素有保护胃黏膜的作用，所含黏液质能促进唾液腺、胃腺、肠腺分泌；有滋阴生津功效，可改善口干、便干之症。但脾虚湿滞、食欲减退、大便稀薄、苔腻之人不宜使用。另外，还有驻颜养肤、增白润泽、乌须黑发、固齿牢牙的美容功效。天门冬一般在秋冬采收天门冬块茎，晒干备用。

天门冬根块含19种氨基酸，以及人体需要的其他营养成分，所以还有很高的食疗价值。但是要忌和鲤鱼同食。

天门冬粥有润肾燥、补肾湿、清肝止咳的功效，做法是：先把天门冬捣汁，再准备粳米50克，两者放在一起煮粥。

这款粥适用于咯血、消渴、便秘、肺痿、肺痈等症。如果有以上症状的朋友不妨尝试一下。

🪴 养花必知

天门冬喜光，除夏季需遮阴外，其他三季应给予适当光照，尤其冬季，宜放在阳光充足处；喜温暖，生长适温20~25℃，越冬温度大于10℃以上；喜疏松、肥沃、排水良好的砂质土壤；天门冬为纺锤状肉质块根，怕水涝，平时浇水不宜过多，盆土干燥时一次要浇足水；除上盆时要施足底肥外，追肥应本着"薄肥、少量、勤施"的原则；多用播种或分株繁殖。

药用小偏方

◎**肺炎：**
天门冬15克，白部9克，冬瓜糖30克，水煎服。

◎**便秘：**
天门冬、肉苁蓉各15克，郁李仁9克，水煎服。

天门冬

阴虚体质

铜钱草

——保湿怡情去粗糙

铜钱草又称雪草、崩大碗、马蹄草，原产于热带南美洲，花期 6~8 月，果期 7 月，为伞形科天胡荽属多年生湿生观赏植物。铜钱草的叶子呈圆形盾状，如一枚铜钱，有长柄，叶子的边缘是波浪的形状，夏秋开小小的黄绿色花。

铜钱草是加湿空气的专家。如果空气干燥易使老人、幼儿等身体抵抗力较弱的人群感染疾病；易使皮肤老化、肌纤维变形、断裂，形成不可恢复的皱纹；易产生静电，导致人身体不适。而铜钱草可以水养，慢慢蒸发出水分可以缓解空气的干燥，加湿效果明显。人体在适宜湿度范围内，生理、思维都会处于良好状态，工作、休息都有较好效果，适宜的湿度既可抑制病菌的滋生和传播，还可提高人体免疫力。所以室内是否达到适宜的空气湿度，与人的健康息息相关，而利用植物加湿，是最天然无害的方法。铜钱草就是这样一种可以增加空气湿度的有益植物。可以在家多放几盆铜钱草，既可调节室内小气候，还能杀灭病毒。

铜钱草药用价值也不可小视，其有清热利湿、解毒消肿的功效。在烈日下暴晒或高温环境下重体力劳动一定时间很有可能引起中暑，此时可取铜钱草、旱莲草、青蒿（均鲜）各适量，共捣烂，用冷开水冲服。铜钱草还用于湿热黄疸、中暑腹泻、砂淋血淋、痈肿疮毒、跌打损伤等。

养花必知

铜钱草叶面宛若一片片铜钱，十分耐看。盆栽可以放在窗前、阳台，翠绿逼人；也可以取几枝养在小的容器里，放在书桌、茶几、办公桌、餐桌，精致小巧；把铜钱草放在坯陶器里，置于明亮窗前，更是别有一番风味。

铜钱草喜光，也耐阴，但是忌阳光直射，如果长期光线不明亮，植株会往光线方向生长；喜温暖，生长适温为 10~25℃，冬季会枯萎，但是来年还会长出新枝；对土壤要求不高，以疏松、肥沃的砂质土壤为宜；喜湿润，耐湿，所以要经常浇水；盆栽半月施 1 次肥即可；常用扦插和分株繁殖。

铜钱草

鸟巢蕨

——滋阴增湿，去烦躁

鸟巢蕨又称巢蕨、山苏花、王冠蕨，原生于亚洲东南部、澳大利亚东部、印度尼西亚、印度和非洲东部，为铁角蕨科巢蕨属多年生常绿附生草本植物。

鸟巢蕨可以吸收二氧化碳，并释放出大量氧气，还能吸收甲醛、苯等有害物质；其叶子很大，故有很强的蒸腾能力，可以增加室内空气湿度，并吸附室内灰尘。

鸟巢蕨还有一定的药用价值，具有强壮筋骨、活血祛瘀的功效，主治头痛、血淋、阳痿、淋病等疾病。血瘀症在现代的人身上是常见的问题，现代人因为生活方式的改变，运动量不足，营养过剩，过食肥甘厚味，血液浓稠度增高，血液流动性下降，严重时，若形成血栓，会造成心脑血管的疾病。所以血瘀一定要引起重视，许多在血瘀症初期时的症状，是不容忽视的警讯，比如说疼痛、瘀青、四肢麻木等。其实可以食用鸟巢蕨就可以缓解。另外，取鲜鸟巢蕨捣烂外敷可

鸟巢蕨

健康功能	有害成分简式
吸收甲醛	CH_2O
吸收苯	C_6H_6

治跌打损伤、骨折等症。

鸟巢蕨也是一种美味的蔬菜，可以加蒜蓉一起炒，炒制的时间不要过长，否则会变老。这道菜不仅味道鲜美，而且营养健康。

🌸 养花必知

鸟巢蕨为较大型的阴生观叶植物，它株型丰满，叶色葱绿光亮、潇洒大方，深得人们的青睐。盆栽的小型植株用于布置明亮的客厅、会议室及书房、卧室，也显得小巧玲珑、端庄美丽，悬吊于室内也别具热带情调。

鸟巢蕨喜阴，忌阳光直射，喜欢散射光，夏季要放在阴凉处；喜温暖，生长适温为 16~32℃，冬季不低于 5℃可安全越冬；土壤则以蕨根、树皮块、苔藓、碎砖块和碎木屑、椰子糠等作为基质为好；喜湿润，浇水掌握"宁湿勿干"的原则，并要经常向叶面喷水，以保证其叶色浓绿；每半月可以施 1 次腐熟的液肥；常在春季进行分株繁殖。

孔雀竹芋

——叶大吸湿效果好

痰湿体质

孔雀竹芋又称斑叶肖竹、斑马竹芋，原产于美洲和非洲热带地区，为竹芋科肖竹芋属多年生草本植物。

孔雀竹芋有美丽宽大的叶子，所以蒸腾能力很强，可增加室内空气湿度，而适宜的空气湿度对人体的健康非常有益。其叶子表面凹凸不平，故吸附灰尘的能力也很强，是理想的室内绿化植物。

孔雀竹芋观赏性很强，也可净化空气。除甲醛的功效为吊兰的一半，但相比普通植物也要高很多。此外，它还是清除空气中的氨气污染的高手，在 10 平方米内可清除甲醛 0.86 毫升，氨气 2.19 毫升。室内空气中的氨也可来自室内装饰材料，比如家具涂饰时所用的添加剂和增白剂大部分都用氨水，氨水已成为建材市场中必备的商品。虽然这种污染释放期比较快，不会在空气中长期大量

健康功能	有害成分简式
净化氨气	NH_3
吸收甲醛	CH_2O

积存，但对人体的危害也不可小视。氨被吸入肺后容易通过肺泡进入血液，与血红蛋白结合，破坏运氧功能。短期内吸入大量氨气后会出现流泪、咽痛、声音嘶哑、咳嗽、痰带血丝、胸闷、呼吸困难，可伴有头晕、头痛、恶心、呕吐、乏力等。如果家里放几盆孔雀竹芋，就可以绿色有效地减轻污染，为人体的健康保驾护航。

🌼 养花必知

孔雀竹的中、小盆栽可长期置于具有明亮散射光的茶几、书桌、餐桌、窗台、墙角等处。

孔雀竹芋性喜半阴，不耐直射阳光；生长适温为 12~29℃，冬季温度宜维持在 16~18℃；对土壤要求不高，土壤疏松、肥沃即可；春夏两季生长旺盛，要经常向植株及其周围喷水，但要求保持适度湿润；生长季节，约 2 周施 1 次肥，而冬季土壤可稍干，并减少施肥次数；多于初夏季节进行扦插繁殖。

孔雀竹芋

金盏菊

——除湿利痰，保护脾胃

金盏菊又称金盏花、长生菊、长春菊、醒酒花，原产于欧洲南部和地中海沿岸，花期为3~6月，为菊科金盏菊属一二年生草本植物。

金盏菊植株矮生，花朵密集，花色鲜艳夺目，花期又长，因此深受人们喜爱。金盏菊可以净化空气，金盏菊的抗二氧化硫能力很强，对氰化物及硫化氢也有一定抗性，为优良抗污花卉。

金盏菊花、根可入药，花有凉血止血、消炎抗菌及醒酒的功效，主治肠风便血、目赤肿痛等症。根有行气活血功效，主治胃寒、胃痛、疝气等症。金盏菊一般5~6月采花，6~7月采根，鲜用或晒干备用。

胃寒是现代人常见的胃部不适症状。胃寒主要是由于饮食不节制、经常吃冷饮或冰凉的食物引起的，再加上生活节奏快，精神压力大，更易导致胃寒疼痛。金黄的金盏菊可以祛除胃寒，方式是：

取金盏菊鲜根50~100克，水煎或酒煎服，可治胃寒痛。

金盏菊对疝气还有很好的疗效。得了此病之后除了药物治疗之外，还可用金盏菊鲜根60克，水煎或加少量黄酒煎服。或者用金盏菊花12克，小茴香9克，木香、当归各6克，水煎服。这两种方法都比较有效，可按自己的实际病情选择。

养花必知

金盏菊喜充足阳光，阳光越充足，花开得越灿烂；生长适温为7~20℃；土壤以肥沃、疏松和排水良好的砂质土壤或培养土为宜；生长季节要保持土壤湿润；花期每隔15~20天追施1次混合液肥即可；主要用播种方式繁殖。

金盏菊

药用小偏方

◎**肠风便血：**
金盏菊鲜花10朵，酌加冰糖，水煎服。

◎**胃寒、胃痛：**
金盏菊鲜根60克，水煎服。

◎**痔疮、便血：**
金盏花10朵，冰糖适量，水煎服。

石榴

——利水渗湿，健脾和胃

石榴又称安石榴、若榴、金罂，原产于伊朗阿富汗等中亚地区，花期5~6月，果熟期9~10月，为石榴科石榴属落叶灌木或小乔木。

石榴花对二氧化碳、氯气、氯化氢、二氧化氮、硫化氢、臭氧、铅蒸气、硫蒸气，以及烟尘等有害气体都有较强的抗性。据监测，1000克石榴叶片可吸收6.33克二氧化硫、7.5克硫，在距二氧化碳污染源30米处，石榴树仍能生长良好。

石榴花、根、皮、叶、果实均可入药。石榴花有止血、消炎、调经、止带的功效，主治吐血、衄血等症；石榴皮以及石榴树根均含有石榴皮碱，对人体的寄生虫有麻醉作用，是驱虫杀虫的良药，尤其对绦虫的杀灭作用更强，可用于治疗虫积腹痛、疥癣等；果实有止咳、生津、解酒、杀虫、止痢、收敛、祛毒的功效，主治久泻、便血、脱肛、疥癣、中耳炎

净化功能	有害成分简式
吸收氯气	CL_2
吸收氯化氢	FH
吸收二氧化氮	NO_2
吸收硫化氢	H_2S
吸收臭氧	O_3
吸收铅蒸气	Pb
吸收硫蒸气	S

等症。注意，石榴皮有小毒，不宜大量或长期食用。石榴一般在5~8月采花，8~9月采果，夏秋采叶，根皮全年可采，晒干备用。

石榴果实如一颗颗红色的宝石，是一种常见的水果，果粒酸甜可口多汁，并且营养价值高，富含丰富的水果糖类、优质蛋白质、易吸收脂肪等，可以补充人体能量和热量，不增加身体负担。石榴含有丰富的维生素，尤其是B族维生素和维生素C、微量矿物元素，能够补充人体缺失的微量元素和营养成分。石榴还富含各种酸类包括有机酸、叶酸等，对人体具有保健功效。

我们平时在家可以把石榴榨成汁，石榴汁含有多种氨基酸和微量元素，有助消化、抗胃溃疡、增强食欲、软

石榴

化血管、降血脂和血糖、降低胆固醇、提神、益寿延年等多种功能，而且对饮酒过量者，解酒有奇效，被誉为"天下之奇果"。

石榴花也可以熬粥喝，做法是：准备 100 克粳米，加入适量的水熬粥，米将要熟时放入 10 朵石榴花，稍煮即成。此粥有收敛、止血的功效，适用于鼻衄、吐血、出血等症。

这里需要注意的是石榴多食伤肺损齿，因为有收敛作用，所以便秘的人最好不要吃。感冒、急性盆腔炎、尿道炎患者慎食。

养花必知

石榴树姿态优美，枝叶秀丽，初春嫩叶抽绿，婀娜多姿；盛夏繁花似锦，

石榴花粥

药 用 小 偏 方

◎ **老年性慢性支气管**：
酸石榴每日食适量，连服数天。

◎ **痢疾**：
石榴叶 15 克，胡椒 3 粒，水煎取汁加50 克红糖调服。

◎ **便血、脱肛**：
石榴花 30 克，水煎取汁，加适量红糖调服。

◎ **外伤出血**：
石榴花研成细末，麻油调敷患处。

◎ **牙痛**：
鲜石榴花 20 克，水煎含漱。

◎ **疮疖肿毒**：
鲜石榴花皮适量，捣烂外敷患处。

色彩鲜艳；秋季累果悬挂。植于庭院观赏，是不错的一道风景，也可以栽培成中小型盆栽，放在向阳的窗台上。

石榴树喜光照充足，生长期要求全日照，并且光照越充足，花越多越鲜艳；适宜生长温度为 15 ~20℃，冬季温度不能低于 － 18℃，否则会受到冻害；喜疏松、肥沃、排水良好的土壤；耐旱，喜干燥的环境，浇水应掌握"干透浇透"的原则，盆土保持"见干见湿、宁干不湿"；生长旺盛期每周施 1 次稀肥水；一般多用嫁接繁殖。

痰湿体质

郁金香

——主治脾胃湿浊、胸脘满闷

郁金香又称郁香、红蓝花、紫述香，每年3～4月开花，原产于我国青藏高原，至今，青藏高原还生长着许多野生郁金香，为百合科郁金香属多年生草本植物。

郁金香的花、鳞茎及根都可入药，有镇静作用，主治脾胃湿浊、胸脘满闷、呕逆腹痛、口臭苔腻。《本草拾遗》言其"除人间恶气，和诸香药用之"。郁金香花一般在初放时采收，晒干备用。球茎在花谢后挖取，鲜用或切片焙干备用。

郁金香是一种可以药浴的花卉，方法是取郁金香适量，切碎，放入浴盆中，冲入温水适量，待温度适宜时洗浴，每日2次，可清热解毒，适用于汗臭、狐臭等。还可以足浴，方法是取郁金香适量，切碎，放入足浴盆中，冲入温水适量，待温度合适可足浴，每日1次，可清热解毒，适用于脚臭、脚气病等。

郁金香还可以熬粥喝，方法是：干品郁金香10克（鲜品5朵），大米100

郁金香

药用小偏方

◎**脏躁症：**
将郁金香根茎焙干研成细末，日服3次，每次服1~2克。

◎**口臭、牙痛：**
郁金香花1.5~3克，煎水含漱。

◎**腋臭：**
醋浸郁金香，置腋下夹之。

克，白糖适量。将郁金香择净，放入锅中，加清水适量，浸泡5～10分钟后，水煎取汁，加大米煮粥，待熟时，调入白糖，再煮一二沸即成；或将鲜郁金香切碎，待粥熟时调入粥中服食，每日1剂。可清热排毒，适用于汗臭、狐臭、脚臭、全身瘙痒等。

养花必知

郁金香属长日照花卉，喜阳光充足；8℃以上即可正常生长，一般可耐 -14℃低温；要求腐殖质丰富、疏松肥沃、排水良好的微酸性砂质土壤；喜干燥，鳞茎种下后浇一次透水，以后盆土不干不浇，切勿过湿而引起鳞茎腐烂；叶抽出后每隔半月施1次稀薄液肥；一般分株繁殖。

月季

——活血调经，解毒消肿

月季花又称月月红、长春花、四季春、四季蔷薇、四季花，我国是其原产地之一，为蔷薇科蔷薇属常绿灌木。

月季花有一定的环保价值，它对二氧化硫、二氧化氮都有较强的抗性，还能吸收硫化氢、氯化氢、氟化氢、苯、乙苯酚、乙醚等有害气体。还能降低周围地区的噪声污染，缓解火热夏季城市的温室效应，是既美丽又环保的植物。

月季花还可药用，其花、叶、根均可入药，其花有活血调经、解毒消肿的功效，主治月经不调、痛经、淋巴结核、痛疖肿痛；叶主治淋巴结结核、跌打损伤；根主治遗精、白带异常、跌打损伤等症。月季花一般在花期选择晴天的时候采收花蕾，春秋季采根，阴干或焙干备用，叶子一般随采随用。

月季花不仅香气袭人，还可食用，而且营养丰富。最常用的食用方法就是月季花茶，做法是：取鲜月季花 20 克，

月季

药用小偏方

◎**高血压：**
月季花 10 克，开水泡饮。

◎**疮疖痈肿：**
鲜月季花加适量白矾捣烂外敷患处；或月季花适量研成细末外敷患处。

◎**肺虚咳嗽、咯血：**
月季花、冰糖适量，炖服。

红茶 2 克，白糖 20 克，开水泡饮。此茶有活血调经、消肿止痛的功效，还可使面部红润白皙。另外，可用月季花做成面膜敷在脸上，能改善肤色，使面色红润，光滑透亮，还能减少痘痘的困扰。

养花必知

月季花开无间断、妩媚娇艳、雍容华贵、飘逸潇洒、芬芳超群，深受人们喜爱。家庭栽培的话最适合摆放在阳台、庭院等处，灿烂别致。

月季花喜光，每天光照在 5 小时以上最好，喜温暖，较耐寒，生长适温为 22~25℃；土壤以富含有机质、肥沃、疏松的微酸性壤土为佳；喜湿润，生长旺季要保持盆土湿润；生长期每半月施 1 次磷钾肥；多用扦插繁殖。

益母草

——活血祛瘀，温经止痛

益母草又称益母蒿、益母艾、红花艾、坤草，原产于我国，为唇形科益母草属一年或二年生草本植物。

益母草叶似艾叶，茎如火麻，节节开花，妩媚动人，深受人们喜爱。其有较高的药用价值，全株及种子均可入药。益母草味辛、苦。花性凉，味甘、微苦。果实性微寒，味甘，具有活血祛瘀、调经、利尿消肿、清热解毒的功效。主治月经不调、胎漏难产、急性肾炎、痈肿疮疡、浮肿下水、尿血、泻血、痢疾、痔疾等症。益母草的药用功效自古就被人们所利用，《本草纲目》中记载，益母草"活血，破血，调经，解毒。治胎漏产难，胎衣不下，血晕，血风，血痛，崩中漏下，尿血，泻血，痢，疳，痔疾，打扑内损瘀血，大便，小便不通"。一般在夏季采收全草，晒干备用。

益母草是治疗妇科疾病的专家，不仅可以药用，还可以食用。有一款活血养颜汤，效果比较神奇，具体做法是：去壳熟鸡蛋4只，益母草、桑寄生各30克，冰糖适量。将益母草、桑寄生洗净，然后把熟鸡蛋、益母草和桑寄生放进锅内，用文火煮沸，半小时后，放入冰糖，煲至冰糖溶化。除去汤中的益母草和桑寄生，吃蛋饮汤。此方补肝养血，妇女宜在经前、经后饮用，效果更佳，也可用鹌鹑蛋代替鸡蛋，效果相同。

益母草可泡茶喝。益母草加红糖泡茶，其中红糖营养价值高，富含核黄素、胡萝卜素、烟酸和微量元素锰、锌、铬等，有补血益气、活血舒筋、暖脾健胃、化瘀生新等功效。此食谱美味补虚，主治产后小腹隐隐作痛、喜按、恶露量少色淡、头晕耳鸣、面色苍白、舌质淡红、苔薄，脉虚细。

此外，益母草和黑豆搭配食用还有活血行瘀，润泽肌肤的作用，如益母草黑豆鸡蛋汤。具体做法是：准备益母草30克，黑豆50克，鸡蛋3只，蜜枣3

益母草

颗，冷水 1200 毫升。将益母草、黑豆洗净，浸泡；蜜枣、鸡蛋洗净。然后将冷水 1200 毫升与以上原料一同放入瓦煲内，待鸡蛋煮熟后，取出去壳，再放回煲内，文火煲 1 小时即可。

益母草有利水消肿用于治疗肾病。益母草能改善和增加肾脏血流量，使肾小球或肾小管的病变得到修复和再生；使肾脏纤维化逆转，从而消除炎性病变和尿中蛋白，恢复肾脏功能的效果。

益母草还可用于治疗心脑血管疾病。因为益母草有活血化瘀作用，所以能改善血液的浓、黏、凝、集状态，具有抗缺血和抗心绞痛的作用。益母草能抗实验性心肌梗死，对结扎动物冠脉前支所形成的实验性心肌梗死有保护作用。对

益母草黑豆鸡蛋汤

心肌细胞的超微结构，特别是线粒体有很好的保护作用。

🌸 养花必知

益母草花呈唇形，或淡红或紫红或白色。盆栽最好放在庭院里，如果小型的可以放在向光的阳台上观赏，需要用药时也比较方便采取。因其象征着母爱，把它放在家里，更能彰显其乐融融的气氛。

益母草喜光照，可接受直射光，阳光越充足花开得越旺盛；喜温暖，生长适温为 20~30℃；不择土壤，疏松肥沃，排水良好即可；生长期要保持土壤湿润，夏季要经常喷水保持空气湿润；生长旺期每半月施一次稀薄液肥；如需繁殖可在春季进行播种。

药 用 小 偏 方

◎ **急性肾炎：**
益母草 120 克，水煎服。

◎ **月经不调：**
益母草 15 克，当归 12 克，赤芍、香各 9 克，水煎服。

◎ **经前综合征：**
益母草 30 克，芹菜 250 克，佛手 6 克，鸡蛋 1 个，水煎服。

◎ **产后水肿：**
益母草花 30 克，茯苓皮、冬瓜皮、当归各 15 克，水煎服。

◎ **慢性盆腔炎：**
益母草 100 克，捣烂取汁，加适量红糖调服。

血瘀体质

凌霄花

——祛风活血的"母爱之花"

凌霄花又称紫葳、倒挂金钟、藤萝花，原产于我国和日本，为紫葳科紫葳属多年生木质藤本植物。

凌霄花是一种不错的中草药，它的花、根、茎均可入药。花有活血化瘀、痛经祛风、利尿消炎的功效，主治血滞经闭、血热风痒、酒糟鼻；叶有解毒消肿的功效，主治疖肿等症；根、茎有祛风活血、解毒消肿的功效，主治风湿性关节痛、跌打损伤、毒蛇咬伤等症。凌霄花一般在6~9月选择晴天的时候采花，根、茎、叶全年可采，晒干或焙干备用。

有很多女性每月总是受到痛经的困扰，苦不堪言。从中医上来说，痛经多是由于肝肾不足、情志郁结或寒凉侵袭等原因而导致的血行不畅，瘀阻于胞宫。而气血不足时，不通则痛，所以要想不痛，就得活血化瘀，而其实凌霄花就是活血化瘀的能手。《本草衍义补遗》中记载："凌霄花，治血中痛之要药也，且补阴捷甚，盖有守而独行，妇人方中多用何哉。"不光是痛经，月经不调或闭经的女性，也可以用凌霄花来解忧。

但是值得注意的是，凌霄花虽然是女性的好帮手，但却是孕妇的克星，孕妇服用易导致流产。另外《本草经疏》记载"凌霄花长于破血消瘀，凡妇人血气虚者，一概误施，治前断不宜用"，可见气血弱者不宜服用。

凌霄花对跌打损伤所致外伤瘀肿，用之有效。如跌扑摔打致外伤瘀肿，伤处有瘀，瘀久化热，而致红、肿、热、痛、活动不便。凌霄花味辛、甘、气寒凉，善行气血，凉血热。祛瘀血以生新血；凉斑热以消红肿。《天宝本苹》记载："行血通经：治跌打损伤，痰火脚气。"

凌霄花和酒是最好的拍档，可以将活血的作用发挥到极致，特别是温热的黄酒。《中国古代药典》介绍，酒能"通血脉，御寒气，行药势"。也就是说黄酒能温经通络、活血御寒、帮助血液循环，而凌霄花是寒性的，正好可以用黄酒的

凌霄花

温性压制其寒性，药效能发挥得更好。凌霄花酒的制作方法是：取凌霄花 15 克，浸入 100 毫升黄酒中，半月后即可服用。

凌霄花也可以食用，但其花粉有小毒，在食用前要洗干净，而且一定要防止花粉进入眼内，否则会引起红肿，易伤眼。食用凌霄花最简单的就是熬粥，做法是：取 100 克粳米，放在锅里熬粥，粥将熟时放入 20 克凌霄花，再加上 10 克冰糖，稍煮片刻即可食用。患有大便出血、崩漏的人可以尝试此粥，可以帮助缓解病情。

养花必知

可在向阳墙角处栽种凌霄花，搭架让它攀附墙壁生长；或者将花盆置于高

凌霄花酒

架上，生长期注意修剪整形，使其成为悬垂式盆景。盆栽还可在夏季将当年生枝留 5~6 厘米剪断，使其萌发丰茂枝叶并多开花，绑扎成艺术型支架，以供室内装饰窗台或几案。每年农历五月至秋末绿叶满墙，花枝伸展，一簇簇橘红色的凌霄花，缀于枝头，迎风飘舞，格外逗人喜爱。

凌霄花需要光照充足的环境，不耐阴；适宜生长温度 20~25℃，温度不可低于 15℃；对环境的适应能力很强，对土壤要求不严，砂质或黏壤土均可；生长过程中需要充足的水肥管理，浇水以间干间湿为原则，盆土不宜过干，也不宜过湿；由于花期长，所以在花期中也可施肥，只要掌握少量多次的原则即可；一般用播种或者扦插进行繁殖。

药用小偏方

◎**急性肠胃炎：**
凌霄根 30 克，生姜 3 片，水煎服。

◎**黄疸型肝炎：**
凌霄根、叶各 15 克，水煎服。

◎**酒糟鼻：**
凌霄花、栀子花等份，研成细末，茶水送服。

◎**跌打损伤：**
凌霄花或根适量，捣烂外敷患处。

◎**血瘀闭经：**
凌霄花、红花各适量，研为细末，开水送服。

◎**风湿性关节炎：**
凌霄根 15 克，抱石莲、络石藤、白毛藤各 6 克，水煎服。

芍药

——健脾养血，化瘀调经

芍药又称将离、离草、婪尾春、余容、犁食、没骨花、黑牵夷、红药，原产于我国北部、西伯利亚及朝鲜、日本等地，为芍药科芍药属多年生宿根草本。

芍药花作为药用主要是用其根。药用芍药分两种，即赤芍和白芍。赤芍和白芍的功效是不同的。《本草求真》认为："赤芍与白芍主治略同，但白则有敛阴亦营之力，赤则只有散邪行血之意；白则能于土中泻木，赤则能于血中活瘀。故凡腹痛坚积，血瘕疝痹，闭经目赤，因于积热而成者，用此则能凉血逐瘀，与白芍主补五泻，大相远耳。"

下面总结性说明白芍与赤芍的异同，可供我们治病选方用药时参考。

白芍有养血敛阴、柔肝止痛、平抑肝阳、预防肝癌的功效，其药效可以

芍药

和人参相媲美，主治胸胁疼痛、泻痢腹痛、自汗盗汗、阴虚发热、月经不调、崩漏、带下等症；赤芍有活血散瘀、消肿止痛、清热凉血的功效，主治瘀血凝滞、经闭、胁痛、赤痢、痈肿等症。所以赤芍多以活血为主，多用于血滞之证。芍药花一般在5~7月采花，春秋采根，晒干备用。

这里提到盗汗，可能大家都不太熟悉是怎么回事，盗汗是中医中的一个病症名，是以入睡后汗出异常，醒后汗泄即止为特征的一种病征。"盗"有偷盗的意思，古代医家用盗贼每天在夜里鬼祟活动，来形容该病证的特点，即每当人们入睡，或刚一闭眼而将入睡之时，汗液像盗贼一样偷偷泄出来。故常伴有五心烦热、失眠、口咽干燥等症状，要及时治疗，除了药用方法以外，芍药花也可以有一定的帮助，可煎服。

芍药根对中枢神经有抑制作用，并有较好的解痉、镇痛、镇静、解热、抗惊厥、抗炎、抗溃疡、扩张冠状动脉及后肢血管、降血压等药理作用。此外芍药花可使容颜红润，改善面部黄褐斑和皮肤粗糙，经常使用可使气血充沛，精神饱满。

赤芍可以治疗急性乳腺炎。急性乳腺炎的一般症状是乳房肿胀、疼痛或畏寒发热；局部红、肿、热痛，可触及痛性硬块，脓肿形成后可有波动感，侧腋窝淋巴结肿大等。治疗时可用赤芍30克，甘草6克，用水煎服。

芍药花有散郁祛瘀、泄热、平肝止痛、养血调经的作用，使气血充沛，可促进新陈代谢，提高机体免疫力，可改善面部黄褐斑、雀斑，延缓皮肤衰老。因此，女性常饮芍药花茶可使气血充沛，容颜红润，精神饱满。

养花必知

芍药位列草本之首，被人们誉为"花

赤芍甘草煎汁

药 用 小 偏 方

◎**头晕、头痛：**
白芍12克，当归15克，川芎10克，水煎，分3次温服，每日1剂。

◎**胃痛、腹痛：**
白芍30克，甘草9克，水煎服。

◎**痛经：**
白芍9克，干姜3克，红糖20克，水煎服。

◎**肠炎、痢疾：**
白芍15克，马齿苋30克，木香6克，甘草6克，水煎服。

◎**外感风寒：**
白芍、桂枝、生姜各9克，甘草6克，大枣3克，水煎服。

◎**贫血：**
芍药50克，当归100克，丹参250克，共研为末，开水送服。

仙"和"花相"，且被列为"六大名花"之一，又被称为"五月花神"。因自古就作为爱情之花，象征着依依不舍，难舍难分，现已被尊为七夕节的代表花卉。其花大色艳，放在庭院，每到花开，都会惊艳四方，是不可多得的一景。盆栽可以放在阳台和向阳的窗台，这样才可以开得更加灿烂，也可以作为切花放在茶几、餐桌、书房等地。

芍药花喜阳，但在夏季高温干燥季节需稍微遮阳；喜温暖，生长适温为22~28℃；土壤以排水良好的砂质土壤为宜；在生长期间，保持盆土湿润，冬季尽量少浇水，保持盆土偏干为宜；一般一年需施肥5次；多用扦插进行繁殖。

气郁体质

玫瑰花

——行气解郁，消食提神

玫瑰又称刺玫花、徘徊花、刺客、穿心玫瑰，原产于我国和朝鲜，夏季5～7月开花，果期8～9月，为蔷薇科蔷薇属多年生落叶灌木。

玫瑰花是一种非常好的药食两用的花卉。玫瑰花、根可入药。花具有行气活血的功效，常用于胸胁胃脘胀痛、经前乳房胀痛、损伤瘀阻疼痛，以及消化不良、月经不调等症。长期使用，效果更佳。

玫瑰花还有理气解郁、和血散瘀的功效。可治疗肝胃气痛、新旧风痹、吐血、咯血、月经不调、赤白带下、痢疾、乳痈、肿毒。《本草再新》记载："舒肝胆之郁气，健脾降火。治腹中冷痛，胃脘积寒，兼能破血。"《随息居饮食谱》中也记载：

玫瑰花

"调中和血，舒郁结，辟邪，和肝，酿酒可消乳癖。"玫瑰花一般在4~6月玫瑰花蕾含苞欲放时，选择晴天清晨采收，阴干或焙干备用。

其实，早在2000多年前，我国就已经开始使用玫瑰花来治疗各种疾病了，而且在养颜方面，运用得也是相当广泛。一代女皇武则天不但在政治上只手遮天，在生活上也是很懂得保养的，她非常钟情于玫瑰花养颜，她每天早晨必饮玫瑰花露，睡觉前还将脸及全身敷上玫瑰花瓣，所以据说她在60岁的时候还是面若桃花，气色红润，全身还散发着阵阵香气。而在我国民间早就有"玫瑰花和糖冲服，甘美可口，色泽悦目"的说法。

玫瑰花所含的挥发油，有开胃理气、促进血液循环和胆汁分泌的作用，可用来泡酒、熏茶、煮粥、制作糕点等，味道芳香甘美，令人神清气爽。民间常用玫瑰花加糖冲开水服，既香甜可口，又能行气活血；用玫瑰花泡酒服，舒筋活血，可治关节疼痛。

建议大家多饮用玫瑰花茶，比如玫瑰花绿茶，将玫瑰花和绿茶以2：1的比例冲泡，再加蜂蜜调味即可。此茶有疏肝健脾、解郁理气、养颜美容、和血散瘀的功效。治疗两肋疼痛、消化不良、咯血吐血、肝胃气痛。

还可以炮制玫瑰茉莉花茶，做法是：取玫瑰花、茉莉花各 3 克，金银花 10 克，陈皮 6 克，甘草 3 克，绿茶 10 克，沸水泡饮。有健脾理气、生津止渴的功效，适用于消化不良等症。玫瑰花还可以和金橘一起制成玫瑰金橘饮，做法是：取玫瑰花 6 克，金橘 2 个，沸水泡饮，有行气消胀的功效。

🌸 养花必知

玫瑰花花单生或簇生于枝顶，有紫红色、白色，又有单瓣与重瓣之分。玫瑰花可以在庭院种植，夏季花开不断，

玫瑰茉莉花茶

颜色多样，也可以栽培成小型盆栽，放置在阳台观赏，日常养护也比较方便。还可以做成切花放在餐桌、茶几上，也是一道美丽的风景。

玫瑰喜温暖、光照充足的环境；但也耐寒冷和干旱，温度在 15~25℃时生长最好；适宜生长在肥沃的砂质土壤中，尤以中碱性土为佳；忌积水，平时可少量浇水，花期前后增加浇水量，浇水时一次浇透；喜肥，春季萌芽前，可施一次腐熟的豆饼肥，当花蕾形成后，施一次腐熟的有机液肥；一般用分株和扦插繁殖。

药用小偏方

◎**肝郁胃痛：**
玫瑰花 9 克，佛手 12 克，水煎加糖调服。

◎**咳嗽咯血：**
玫瑰花 12 克，冬虫夏草 10 克，三七粉 3 克，水煎服。

◎**痢疾：**
玫瑰花适量（去蒂）焙干研成细末，黄酒送服。

◎**失眠：**
玫瑰花 12 克，合欢花 10 克，水煎服。

◎**月经过多：**
玫瑰花、鸡冠花各 9 克，水煎加适量红糖服。

◎**跌打损伤：**
玫瑰花 15 克或玫瑰根 25 克，水煎服。

气郁体质

代代花

——疏肝和胃，理气解郁

代代花又称枳壳花、酸橙花、回青橙，原产地主要是在我国和威尼斯，春夏4~5月开花，为芸香科柑橘属常绿灌木。

代代花略微有点苦，但香气浓郁，闻之令人忘倦。代代花花蕾、枳实、枳壳均可入药。代代花未成熟的果实，中药称为枳实，玳玳已成熟的果实称为枳壳，代代花和玳玳果都是一味养生保健、防病治病的良药。代代花味甘，微苦，有舒肝和胃、理气解郁的功效，主治胸中痞闷、脘腹胀痛、呕吐少食、清血、促进血液循环，适合脾胃失调而肥胖的人。枳实有消食化痰的功效，枳壳有行气宽中、消胀除满的功效。枳实、枳壳均可治疗食积引起的腹痛便秘，以及痰浊阻滞引起的胸脘痞满。此外，也有助于缓解压力所导致的腹泻，还有减脂瘦

代代花

身的效果。代代花一般在5~6月采收花蕾，7~8月次采收未成熟的青绿色果实，9~10月采收已成熟的果实，焙干或晒干备用。

用代代花泡茶喝不仅可以镇定心情，解除紧张不安，而且还具有减肥、美容的作用。下面介绍一款消脂、解油腻的酸甜消脂茶。具体做法是：准备代代花15克，山楂10克，糖适量。将代代花、山楂清洗一下，捞出放入壶中；锅中倒入500毫升清水，大火煮开后，转中火继续煮5分钟；壶中放入冰糖，加一个漏网，将煮好的水倒入壶中，搅拌至冰糖融化即可。

代代花是治疗呕吐的高手。呕吐是比较常见的一种症状，但是究竟是什么原因引起呕吐的呢？中医认为呕吐的源头还是在于胃，想要止呕，首先还得调顺胃气。那么怎么调顺呢？我们可以用代代花。

下面就介绍一款玳玳生姜茶，做法是：取几朵代代花，加3片生姜，放在沸水里，加盖闷几分钟即可饮用。如果觉得味道有点辣的话，可以放入白糖或红糖调味。为什么要用生姜呢？可能大

家都喝过姜汤，姜汤有祛寒解表的作用，其实生姜在中药中还有"呕家圣药"的美誉，可见生姜止呕的效果是不容小视的，把玳玳和生姜放在一起泡茶，效果更佳。

代代花不仅有较高的药用价值，其营养价值相当丰富，可以制作菜肴。推荐一款玫玳二花枣，做法是：取代代花、玫瑰花各 10 克，黑枣（去核）60 克，放在一起蒸煮，蒸熟之后晾凉，制成枣泥，味道很甘甜，有理气止痛的功效，适用于胃及十二指肠溃疡等症。

养花必知

代代花香气浓郁，果实呈扁球形，当年冬季为橙红色，翌年夏季又变青，故称："回青橙。"代代花花期开白色的小花，十分素雅，种植在庭院，更能

玳玳生姜饮

舒展它的枝丫，阳光充足，更有利于其生长。如果栽培成中小型盆栽不利于其结果，但也可以放在天台、有阳光的阳台等处。

代代花是喜光植物，室外养护期间，应放在光照长、光度强的地方，在酷暑盛夏，为防止叶片被灼伤，则须临时移至半阴与散光处；喜温暖，生长适温为 20~30℃，要求疏松、肥沃而又排水良好的微酸性土壤，中性土壤中也能较好生长；喜空气湿润，但盆土过湿易烂根，过干又易落果，浇水一定要适时适量，以坚持盆土湿润为宜；施肥可用豆饼水或腐熟的人粪尿。代代花的繁殖可分为压条、扦插、嫁接和播种等几种方法。

药用小偏方

◎**肝胃气痛：**
代代花 3 克，制香附 9 克，川楝子 9 克，玫瑰花 6 克，水煎服。

◎**咳嗽痰多：**
代代花、枇杷叶、陈皮各 6 克，开水冲泡，代茶频饮。

◎**胃炎食少：**
代代花 5 克，砂仁、甘草各 6 克，水煎服。

◎**高血压：**
代代花 15 克，菊花 9 克，开水泡饮。

◎**肥胖症：**
代代花、玫瑰花、茉莉花、荷叶、川芎各 9 克，开水泡饮。

气郁体质

九里香

——理气解郁，活血祛风

九里香又称石辣椒、九秋香、九树香、七里香、千里香、万里香、过山香等，原产于我国，为芸香科九里香属常绿灌木。

九里香的枝叶是很好的中药材。古代医术上有很多关于九里香入药的记载，比如说《生草药性备要》：九里香"止痛，消肿毒，通窍，能止疮痒，去皮风，杀螨疥"；《广西中药志》记载：九里香"行气止痛，活血散瘀，治跌打肿痛，风湿，气痛"等，充分肯定了九里香的药用价值。九里香全年可采，焙干备用。

九里香对蜜蜂叮咬、虫蛇咬伤所引起的红肿有很好的消毒止肿作用；如果我们不小心跌倒，扭伤了脚腕，引起红肿的话，我们还可以用一小撮捣烂的九里香碎叶敷于肿痛处，以缓解疼痛，消肿化瘀；九里香对治疗胃痛、风湿痛、牙痛，以及破伤风、流行性乙型脑炎等

九里香

都有一定的疗效。

九里香还可以治疗湿疹。

湿疹是由多种复杂的内、外因素引起的一种具有多形性皮损和有渗出倾向的皮肤炎症性反应。病因复杂多变，发作时瘙痒剧烈。病情易反复，多年不愈。九里香可以来缓解此症状，取鲜枝叶，水煎，擦洗患处，很快症状就会减轻。

九里香无论是外敷还是内服，其功效与作用都能得到很好地发挥。在内服饮用九里香时，我们要注意去除杂质，然后泡水饮用。也可以将九里香切碎，加冰糖熬粥喝，可以有效治疗跌打肿痛。有一些医者将捣碎的九里香浸入酒中，制成九里香药酒，不但延长了它的药用保质期，对治疗肚痛也有一定的帮助。

九里香具有解痉作用。以石油醚提取所得的一种不含氮的结晶性成分，能对抗组胺所致的平滑肌痉挛。九里香叶中所古哥丁香烯是治疗老年慢性支气管炎的有效成分之一，具有一定的平喘作用。

九里香具有降血糖作用。因其显著

地提高糖原合成酶的活性，促进糖原合成，减少糖原分解和糖原异生，从而使肝糖原含量升高。最简单的降糖方法就是取适量鲜九里香，洗净，煎服即可。

除了药用外，因九里香的花、叶、果均含精油，出油率为0.25%，所以可以做成精油，精油可用于化妆品香精、食品香精，平时我们用的许多化妆品里面就含有九里香的精油。

九里香还是一些药品中的主要成分，对治疗胃痛有极大的功效，不光是胃痛，它对风湿痛、牙痛等病痛以及破伤风、流行性乙型脑炎等都有一定的疗效。

正是由于以上这些功效与作用，九里香才被广泛地应用于医药行业中。现在大多数人种九里香多是为了欣赏，其实它可以及时为我们治病疗伤，是我们的健康好帮手。

九里香煎汁

药用小偏方

◎**口腔溃烂：**
鲜九里香15克，洗净捣烂后水煎，一日多次含漱。

◎**急性尿路感染、牙痛：**
鲜九里香7克，洗净捣烂后开水冲服，一日2次。

◎**胃痛：**
玫瑰花、九里香花各12克，加300毫升水，煎至100毫升，分2次服。

◎**虫蛇咬伤、跌打肿痛：**
鲜九里香叶适量，捣烂，调酒炒热外敷。

养花必知

九里香株姿优美，枝叶秀丽，花香浓郁。比较适合在庭院种植，十分喜人，也可以放在阳台或天台，既能给家庭营造出雅致清新的氛围，又能随时为你的健康服务。

九里香是阳性树种，宜置于阳光充足的地方，每天至少接受5~6小时的直射光才能叶茂花繁而香；喜温暖，最适宜生长的温度为20～32℃；对土壤要求不严，但盆栽仍以疏松、肥沃、含大量腐殖质、通透性能强的中性培养土为好；耐旱，浇水要见干见湿，盆内不要积水；生长期每月施1次稀薄液肥即可；一般在春秋两季进行播种繁殖。

素馨花

——行气调经，安神美肌

气郁体质

素馨又称素英、耶悉茗花、野悉蜜、玉芙蓉、素馨针，原产于我国广东，为木樨科素馨花属常绿灌木。

素馨花，如它的名字一样馨香素雅，自古被封为"花香之王"，是古代女子钟爱的美容花。其实它更是名副其实的"解郁花"，花有疏肝解郁、化痰止痛的功效；枝、叶有行气调经、清热散结的功效，主治痢疾、胁痛、鼻出血、疥疮、肝区疼痛，还常用来治疗胃痛和女性月经不调等症。《岭南采药录》称其"解心气郁痛，止下痢腹痛"。素馨花一般在夏季清晨采摘花蕾，隔水蒸后晒干，枝叶全年可采，鲜用或晒干备用。

素馨花正是养肝护肝的好手。大家都知道万物复苏的春天，也是细菌和病毒的活跃期，肝炎就是一种常在春季发作的传播疾病，如果是慢性肝炎患者，如果不在春季及时养肝护肝，极容易复发或加重病情，表现为胁肋胀痛、脘腹胃胀、食欲不振，经常情绪受到影响后，心烦或抑郁，出现胀痛感。如平时喝上一杯素馨花茶，在品味茶香的同时就能做到养肝护肝。

如果您或者您身边的人，感到心情郁闷、饭食不下，甚至出现胃痛、胃胀的情况，不妨泡上一杯玫瑰素馨茶，做法是：取素馨和玫瑰各6克，放入壶中先用温水冲洗一遍，然后冲入开水，待温后即可饮用。这款花茶有疏肝解郁的功效，可养肝护肝，止胃痛，还可以帮你带走坏情绪，带来好的心情和食欲。

素馨花有疏肝行气、解郁安神的功效，用其沐浴可以缓解压力、舒缓心情，还可以帮您镇定安神、消除疲劳、促进睡眠。但是直接将花瓣撒在水中，需要量很大，对于北方的人来说，很难找到新鲜的素馨花，因此可以将素馨花制成花露，这样调入浴水中，有很大的保健作用。素馨花还可以"润肌"，还相当于给身体肌肤做了一个润泽保养。

采摘未完全开放的素馨花30克，浸入150毫升的冷开水中，将容器密封静

素馨花

置5天。然后打开过滤，加入10毫升的医用酒精，搅匀。用浸液敷于面部和颈部，就会透出一股清香的气味。也可以用5～6朵新鲜的素馨花，捣烂后涂抹在脸部，敷10~15分钟，之后再用清水洗净，不仅可以滋润皮肤，同样会使您散发出一种迷人的芳香。

素馨花还有很好的食疗效果，入菜肴不仅味美，而且还能治病。在此介绍一款素馨花黄花菜瘦肉汤，做法是：准备猪瘦肉120克，黄花菜30克，素馨花6克，盐、清水各适量。将黄花菜用清水浸软，挤去水分，切段；素馨花洗净；猪瘦肉洗净，切块。把猪瘦肉、黄花菜同放入锅内，加适量清水，武火煮沸后，文火煮1小时，然后下素馨花略煮10分钟，下盐调味即可食用。注意素馨花不可以长时间煮。猪肉有补肾养的功效；素馨花性平，无毒；黄花菜能消热除烦。

素馨花黄花菜瘦肉汤

三者同用，能补虚解郁。这道菜还可以清热去湿、理气止痛，春季常见的慢性肝炎患者很适合食用。

🌼 养花必知

素馨花形若冬梅，香味浓郁，素雅宜人，而且极具芳香。常作大、中型盆栽，陈设于客厅的几架、台面等显眼处；也可栽于庭院的水池边、假山侧等处，装点效果也不错。

素馨花喜充足的阳光，要放在向阳的地方；喜温暖，生长适温为20~30℃；宜植于腐殖质丰富的沙壤土；喜湿润，春、夏、秋三季的生长期要经常浇水，以保持土壤湿润，空气干燥时应向植株喷水；每月施一次腐熟的肥料；可以压条、扦插法繁殖。

药 用 小 偏 方

◎**肝炎、肝硬化：**
素馨花9克，开水泡饮。

◎**口腔炎：**
素馨花适量，煎浓汁含漱。

◎**肝郁气滞、两胁胀痛：**
素馨花、柴胡、枳壳、郁金香各9克，白芍15克，甘草6克，水煎服。

◎**皮肤瘙痒：**
素馨花适量，水煎洗患处。

◎**鼻出血：**
素馨花15克，水煎服。

特禀体质

蜡梅

——解暑生津，开胃散郁

蜡梅又称香梅、黄梅花、香木、腊木，原产于我国，为蜡梅科蜡梅属落叶灌木。

蜡梅花期 12 月到第二年 2 月，正是隆冬腊月，故名"蜡梅"。蜡梅花的花蕾、根、茎均可入药，具有解暑生津、开胃散郁、顺气止咳、解毒生肌等功效，主治暑热头晕、呕吐、气郁胃闷、热病烦渴、咳嗽等症。将含苞花蕾制成干品，单用或与其他中药配伍，可治麻疹发热、风火喉痛、急性结膜炎等症。蜡梅一般在冬末采花蕾，根茎四季均可采，晒干或焙干备用。

蜡梅花可制作菜肴，既是味道颇佳的美味，又能解热生津、增加食欲。推荐一款清热润肺、降气化痰的蜡梅款冬花粥，做法是：取蜡梅花、款冬花各10克，研成细末，调入粳米60克煮粥。此粥适用于风热咳嗽等症。还有一款蜡梅银花汤，有清热解毒的功效，做法是：取蜡梅花5克，金银花10克，水煎取汁，加绿豆30克煮熟即可。此汤适用于热毒疮

药 用 小 偏 方

◎**肝胃气痛：**
蜡梅花5克，当归15克，香附、青藤香各10克，水煎服。

◎**久咳：**
蜡梅花5克，生梨200克，冰糖15克，水煎服。

疡、咽喉肿痛、泌尿系统感染等症。

🌼 养花必知

蜡梅名梅，却不是梅。蜡梅开于寒冬，若能在庭院种上一棵蜡梅，遇上雪天，就可以欣赏到白雪黄梅的景象了。可作为盆景在室内种植，或折下几枝，插入花瓶中，供于书案上，其清香弥漫室内，让人感到幽香彻骨，心旷神怡。

蜡梅喜阳光充足的环境；较耐寒，生长适温为 10~20℃；适宜疏松、排水良好的微酸性砂质土壤；蜡梅有"旱不死的蜡梅"之说，盆栽要掌握干透浇透的原则，生长季节保持盆土湿润；一般在5~6月份每10天施1次腐熟的饼肥水；家庭繁殖蜡梅一般于春季2~3月进行分株繁殖。

蜡梅

连翘花

——清热解毒，消肿散结

连翘花又称寿丹、一串金、黄金条、旱莲子、黄奇丹、黄花条、落翘，原产与我国、朝鲜等地，花期在 3～5 月，果期 7～8 月，为木樨科连翘属落叶灌木。

连翘花有很高的药用价值，其多以果实入药。连翘多在 4 月采花，5~6 月采青果，蒸熟晒干为青翘，9~10 月采熟透果实为老翘。青翘、老翘均有清热解毒、消肿散结的功效，以青翘入药为佳。用于风热咳嗽、痈疽、瘰疬、乳痈、丹毒、温病初起、高热烦渴、神昏发斑、热淋尿闭等病症。

连翘花常被用于治疗风热感冒。中医认为，风热感冒是感受风热之邪所致，多见于夏秋季。症状表现为发热重、头胀痛、咽喉红肿疼痛、咳嗽、口渴喜饮、舌尖边红等。如果得了风热感冒，家里正好有连翘花的话，可取连翘、金银花、野菊花各 10 克，加水连煎 2 次，每日 3 次分服。还可以取连翘、桑叶各 10 克，薄荷 6 克，桔梗 9 克，用水煎 2 次，早晚分服。

药 用 小 偏 方

◎ **舌头生疮：**
连翘 15 克，黄檗 9 克，甘草 6 克，水煎，含漱。

◎ **小便不利：**
连翘 12 克，木通 15 克，水煎服。

另外，春秋换季的时候，尤其气候的突变，很容易引起咽喉肿痛、上呼吸道感染，可用连翘、黄芩、麦冬各 12 克，生地黄 20 克，甘草 3 克，水煎服，每日 1 剂。

养花必知

连翘早春开花，满枝金黄，艳丽可爱。置于庭院，摇曳生姿，也可以修剪成小盆，放在天台、阳台等处，既可以用作药材，又可以休闲时赏花观叶。

连翘花喜阳光，耐半阴；喜温暖，生长适温为 20~25℃；对土壤要求不严，耐干旱贫瘠，怕涝，最适合于深厚肥沃的钙质土壤；喜湿润，春季注意浇水，特别在花谢后更应该注意，保持土壤湿润，不可让其太干燥，否则花芽不能正常进行分化而影响来春着花；花后重剪枝后，每月施 2 次追肥；以播种繁殖为主。

连翘花

薄荷

——散风解表，祛风止痒

特禀体质

薄荷又称野薄荷、夜息香、水薄荷、鱼香草，原产于欧亚大陆、非洲，为唇形科薄荷属多年生草本植物。

薄荷的茎、叶均可入药，是常用中药之一。有疏风散热、清利头目、祛风透疹、疏肝解郁的功效。主治感冒发热、头痛咽痛、风火赤眼、风疹等症。7月和10月收割全草，阴干切段备用。

薄荷入茶饮，可以健胃祛风、祛痰、利胆、抗痉挛，改善感冒发热、咽喉、肿痛，并消除头痛、牙痛、恶心感。将薄荷叶揉碎把汁液涂在虫咬、太阳穴或肌肉酸痛的部分，可以起到止痒、消肿、减轻酸痛的效果。此外，薄荷还具有芳香调味的作用，主要是利用薄荷所特有的清凉润喉而芳香宜人的气味来掩饰和改善一些具有异味和难以吞服的药物的不适感。

薄荷还能清咽润喉，对干咳、气喘、支气管炎、肺炎、肺结核还具有一定的疗效。有清凉镇痛的功效，可减轻头痛、偏头痛和牙痛。对消化道的疾病也十分有助益，有消除胀气、消除口臭、疏解胃痛及胃灼热的作用。此外，对于呼吸系统、内分泌系统，都有很好的作用。还能收缩微血管；排除体内毒素；改善湿疹、癣；消除黑头粉刺，舒缓发痒、发炎症状，有益于油性发质和肤质。薄荷还可以治疗口腔糜烂，方法是取鲜薄荷叶适量，水煎取汁漱口即可。

晕车的人可以在出行的时候带上点薄荷精油，把5~8滴薄荷精油滴于湿纸巾上或手帕中，放于鼻子前，吸入精油，可改善晕车、晕船。如果严重时可直接把少量精油涂抹于鼻子前或太阳穴上，可唤醒昏迷者。

薄荷含有挥发油、薄荷精及单宁等物质，有助于抚平愤怒、沮丧等负面情绪，是消除疲劳、缓解压力、平心静气的心灵补药。所以可以在家里或是办公室放上一盆薄荷，不仅会带来满眼绿意，还能在不知不觉中为您减压。

薄荷在治疗感冒时具有双重功效，

薄荷

热的时候能清凉，冷时则可温暖身躯，因此它治疗感冒的功效绝佳。用薄荷提炼的精油，能抑制发烧和黏膜发炎，并促进排汗，还能帮助退烧。在感冒的时候不妨冲上一杯薄荷茶，适当调入冰糖调味。既清凉可口，还缓解病痛。

薄荷可以食用，因其生长极快，随时可采下食用，泡茶、入菜、煮粥都是不错的选择。这里介绍一款薏仁薄荷粥，有健脾利湿、祛风解表的功效，做法是：取薄荷100克，葱白15克，水煎取汁，加薏仁100克煮熟，快要熟的时候调入薄荷10克，稍微煮一会儿就可以喝了。此粥适用于肌肉或关节疼痛、湿痹等症。

薄荷能助热衷减肥人士一臂之力。薄荷中所含的薄荷醇能加速体内循环、去油腻、缓解腹胀感并达到分解、燃烧脂肪、轻身减肥的目的。

薄荷茶

药用小偏方

◎**感冒：**
薄荷、甘草各3克，开水冲饮。

◎**便血：**
薄荷叶适量，水煎服。

◎**风疹瘙痒：**
牛蒡子、连翘、蝉蜕各9克，薄荷6克，水煎服。

◎**鼻出血：**
鲜薄荷叶适量，捣烂取汁滴鼻。

◎**喉痛声哑：**
薄荷3克，白萝卜汁适量，将两者搅拌均匀咽服。

🌼 养花必知

薄荷是一种充满希望的植物，虽然是一种平淡的花，但它的味道沁人心脾，提神醒脑。所以在卧室或客厅放上一盆薄荷，可以给家里带来清新的气息；薄荷还可以化解难闻的气味或鱼腥味，如可以放在车上、房间，也可以摘几叶放冰箱等，不仅芳香，还能除味驱虫。

薄荷适应性强，薄荷喜欢光线明亮但不直接照射到阳光的地方；最适生长温度为20~30℃；喜疏松肥沃的土壤；浇水最好在土壤未完全干燥之时进行；施肥可以结合浇水进行，以肥水代替清水最好，肥料以氮肥为主即可，一般用分株或播种繁殖。

金银花

——消炎杀菌的良药

金银花又称忍冬、金银藤、银藤、子风藤、鸳鸯藤，花期4~6月，为忍冬科忍冬属多年生半常绿缠绕木质藤本植物。

金银花有一定的药用价值，花蕾、茎枝、叶均可以入药。金银花有清热解毒、消炎杀菌、疏利咽喉、消暑除烦的功效。金银花的抗菌作用十分广泛，主治疮疡肿毒、关节肿痛、泻痢、流感、急慢性扁桃体炎、牙周炎等病；还有疏热散邪作用，对外感风热或温病初起，身热头痛、心烦少寐、神昏舌绛、咽干口燥等有一定作用。金银花一般夏初采含苞待放的花蕾，茎叶随时可采，鲜用或晒干、焙干备用。

人们常用金银花制成的成品药来治疗感冒，其实如果家里养一盆金银花的话，可取鲜品泡茶实现强身健体的目的。如取金银花30克，甘草3克，水煎代茶频饮；可取金银花、菊花各9克，薄荷6克，水煎服；还可以取金银花20克，茶叶6克，白糖50克，水煎服。

很多人小时候都得过水痘，水痘主要发生在婴幼儿身上，以发热及成批出现周身性红色丘疹、疱疹、痂疹为特征。冬春两季多发，其传染力强，接触或飞沫均能传染，易感儿发病率可达95%以上，学龄前儿童多见。患上水痘之后不要惊慌，可取金银花10克，甘草5克，马蹄6枚，水煎服代茶饮。

现代人大多肠胃不好，如果间断性腹部隐痛、腹胀、腹痛、腹泻，遇冷、进油腻之物或遇情绪波动，或劳累后尤甚；大便次数增加，日行几次或数十余次，肛门下坠，大便不爽；高热、腹部绞痛、恶心呕吐等症状出现，可能就是慢性肠炎，其病因可为细菌、霉菌、病毒、原虫等微生物感染，亦可为过敏、变态反应等原因所致。但也不用着急，除了用药物治疗之外，还可以用金银花辅助治疗，做法是：取金银花末、罂粟壳各10克，水煎冲服，每日3次，1~2剂即可见效。

金银花

金银花还有食疗作用，用来泡茶有祛暑解毒的作用，又可以用来煮粥或做汤，不仅味道清香，有营养，而且能清热解毒，治病疗疾。

下面介绍一款清热解毒、行气止痛、固肠止泻的三花茶。所谓三花，就是指金银花、玫瑰花、茉莉花。做法是：取金银花、绿茶各9克，玫瑰花、陈皮各6克，茉莉花、黄连、甘草各3克，用水煎饮。此茶适用于急性肠炎的患者常饮。

养花必知

金银花的花朵初开时蕊瓣色白，两三日后变黄，黄白相映，如金似银，因

三花茶

◎ **高脂血症：**
金银花15克，山楂、何首乌各10克，水煎服。

◎ **急性肾炎：**
金银花、海金沙、薏苡仁各15克，连翘9克，水煎服。

◎ **阑尾炎：**
金银花、蒲公英各60克，甘草15克，冬瓜仁30克，水煎服。

◎ **发热咳嗽：**
金银花、甘草各10克，凤尾草30克，地胆头30克，水煎服。

◎ **湿疹：**
金银花、千里光各60克，艾叶160克，水煎洗患处。

◎ **风湿性关节炎：**
金银花、桑枝各9克，水煎服。

此称为金银花。金银花夏季开花不绝，花叶俱美，花香浓郁，常绿不凋，适宜于作篱垣、阳台、绿廊、花架、凉棚等垂直绿化的材料，还可以盆栽。若同时再配置一些色彩鲜艳的花开，则浓妆淡抹，相得益彰，别具一番情趣。

金银花适应性很强，既喜阳光充足又耐阴；生长适温为15~25℃，耐寒性强；对土壤要求不高，但喜潮湿、肥沃的深厚沙壤土；也耐干旱和水湿，生长期盆土宜保持偏湿状态，环境湿度也要保持高些；通常在初春追施氮、磷肥1～2次，促进茎叶生长，适期开花；花落后的夏秋季节，仍是金银花生长枝叶的时期，应继续追肥1～2次，以使枝叶繁茂；常用播种和扦插法繁殖。

火棘

——消积止痢，活血止血

火棘又名救兵粮、救命粮、火把果、赤阳子，原产于我国，蔷薇科火棘属常绿灌木或小乔木。

火棘的果实、根、叶均可入药。火棘的果含有丰富的有机酸、蛋白质、氨基酸、维生素和多种矿质元素，可鲜食，也可加工成各种饮料，具有消积止痢、活血止血的功效，用于消化不良、肠炎、痢疾、小儿疳积、崩漏、白带、产后腹痛。

火棘的根主含甾醇、皂苷、酚类、鞣质等化学成分，具有止泻、散瘀、消食、清热凉血等功效，用于虚痨骨蒸潮热、肝炎、跌打损伤、筋骨疼痛、腰痛、崩漏、白带、月经不调、吐血、便血。

火棘的叶具有清热解毒、生津止渴、收敛止泻的作用，可炮制成茶，治疗消化不良、虚劳骨蒸、跌打损伤、月经不调。叶子捣烂外敷可治疮疡肿毒。

火棘

药用小偏方

◎**月经过多：**
火棘果 15 克，苏铁花 10 克，加水 200 毫升，煎至 100 毫升，分 2 次服。

◎**消化不良、腹痛泄泻：**
火棘果、石榴皮各 10 克，加水 300 毫升，煎至 100 毫升，分 2 次服。

◎**小儿疳积：**
火棘果适量，焙干研粉，每天用药粉 3 克与猪肝或鸡肝 50 克同服。

养花必知

火棘树形优美，夏有繁花，秋有红果，果实存留枝头甚久，橙红或火红色，经久不凋。比较大的火棘树可以种植在庭院，现在比较流行小型盆栽，放在客厅，结果后红艳似火，喜庆大气。

火棘适应性强，喜阳光充足的环境；喜温暖，生长适温为 15~25℃，疏松、肥沃的土壤比较适宜；浇水时坚持"不干不浇，浇则浇透"的原则，在开花期要适当控制浇水，使盆土稍偏干，以利坐果，如水分太大，常造成落花；生长期每月施 1 次稀薄液肥即可；以播种繁殖为主，也可在夏季扦插嫩枝繁殖。

第六章
好花保健也要分环境

因为花草有着不同功效，所以也要选择合适的环境，才能最大限度发挥花草的作用。比如说办公室里打印机多，释放的苯、二甲苯就多，所以要适当摆放一些吸收打印机污染的植物，而厨房油烟多，就要放一些吸油烟的花草，而书房是学习的地方，则要放一些能提神醒脑，提高工作效率的花卉。

办公室

火鹤花

——过滤空气中的苯

火鹤花又称花烛、安祖花、红掌、红鹅掌，花期可长达 4～6 个月，原产于中南美洲热带雨林，为天南星科花烛属多年生常绿草本植物。

火鹤花能吸收空气中的甲醛、苯、甲苯、三氯乙烯等有害物质。甲醛、苯、甲苯的来源和危害大家都比较熟悉，三氯乙烯可能还不是很了解，这种有害气体大多存在于烟气中，这种气体无色无味，人们很难察觉。三氯乙烯有刺激和麻醉作用，吸入之后急性中毒者有上呼吸道刺激症状，如流泪、流涎，随之出现头晕、头痛、恶心、运动失调及酒醉样症状。因此，要提高警惕。家里多放几盆火鹤花吸收三氯乙烯，肯定是对人体有益无害的。

火鹤花还可以增加空气湿度，吸附灰尘。在人员密度比较大的办公室，各种细菌和病毒极易滋生。而且办公室空气相对干燥，尤其在冬天和秋季尤甚，如果再不注意开窗通风，空气流动不够就会受空气中化合污染物的危害，刺激人体各处的黏膜，使其发炎。感冒、肺炎、鼻咽炎、哮喘、皮肤干燥及过敏就是湿度低引起的。因此，增加室内空气湿度，可免除干燥的空气导致皮肤缺水紧绷、嘴唇开裂、眼睛干涩，而且避免了空气中的浮尘增多，减少了人们吸入病毒颗粒物的机会，从而能预防流感等疾病的传播。火鹤花在室内能调节湿度，室内若摆放几盆增湿的火鹤花，就能避免以上问题。

🌸 养花必知

火鹤花不能收到强光直射，需要给予充足的散射光；火鹤花生长适温在 16~24℃，温度最低不能低于 12℃，最高温度不能超过 30℃；喜疏松、肥沃的沙壤土；一般掌握土壤表面不干不浇，浇则浇透的原则，春、秋、冬季可适量减少浇水次数和浇水量；每半个月就应随浇水施入 7%~8% 的专用营养液或稀释 500 倍的肥水；一般用播种或分株繁殖。

火鹤花

宝石花

——有效切断电磁辐射

宝石花又称石莲花、粉莲、胧月、初霜，原产于墨西哥，为景天科石莲属多年生小型草本植物石莲草的花序。

宝石花不仅能净化空气，还能有效减少办公室里各种电器、电子产品的电磁辐射。电磁辐射又称电子烟雾，它的危害很大，是心血管疾病、糖尿病、癌突变的主要诱因；对人体生殖系统、神经系统和免疫系统会造成直接的伤害，是造成流产、不育、畸胎等病变的诱发因素。

办公室里产生辐射的有电脑、打印机、手机等都是电磁辐射的主要来源。而我们长期驻足的办公室的电脑主机非常多，因此办公室里应该充满着电磁辐射。但办公室又是我们不得不待的地方，那怎么减少这些电磁辐射呢？办法就是，在每人办公桌上都放上一盆宝石花，那么电磁辐射自然就会减少很多，使我们的健康多了一份保障。

全草入药，有清热解毒的功效。主治跌打损伤、喉炎、热疖、湿热型肝炎等。

宝石花更是辅助治疗高血压比较方便的生鲜食物，直接摘下叶片洗净即可嚼食。肝病、尿酸、痛风、高血压等患者，可在办公室、家中阳台上摆上一盆，既可观赏，又可经常摘食，可保身体健康，精神愉快。

还可以用宝石花来泡茶，取宝石花、蔷薇花各 6 克，水煎煮，代茶饮。尤其适合在炎热的夏季饮用，可消暑气，去除手脚无名肿痛。

🌼 养花必知

宝石花很适合家庭栽培，置于桌案、几架、窗台、阳台等处，充满趣味，如同有生命的工艺品，是近年来较流行的小型多肉植物。

宝石花喜阳光充足，但忌阳光直射；喜温暖，生长适温为 20~28℃；疏松肥沃、具有良好通气性的砂质土壤最适宜；喜干燥，栽培土壤不能积水，需要经常通风；不耐肥，生长季节只需每 20 天施 1 次复合肥即可；通常在 8~10 月份进行扦插繁殖。

宝石花

办公室

仙人掌
——天然的辐射吸收器

仙人掌又称仙巴掌、霸王树、火焰、火掌、玉芙蓉、牛舌头，原产于美洲大陆，花期以 3 ~ 5 月最为集中，为仙人掌科仙人掌属肉质多年生植物。

仙人掌生长在热带，对强光有很强的吸收作用，强光中有我们说的可见光和不可见光，而电脑和手机的电磁辐射也是不可见光。另外它的刺会发出负离子，正好可以中和空气中有害的正离子。在有阳光照射的情况下，把仙人掌放在辐射源附近会生长良好。因此最合适放在电脑多、打印机多的办公室。而电脑辐射的最强地带是键盘和主机，所以在键盘和主机旁边放一盆比较适合，可有效减少电脑辐射。

仙人掌被称为夜间"氧吧"，因为仙人掌呼吸多在比较凉爽、潮湿的晚上进行。呼吸时，吸入二氧化碳，释放出氧气。别看仙人掌没有茂盛的叶子，其实它还是吸附灰尘的高手呢！办公室放置一盆仙人掌，特别是水培仙人掌，可以起到净化环境的作用。为辛苦的上班族们创造一个空气清新的环境，提高工作效率。

除此之外，仙人掌还有一定的药用价值，仙人掌全草可入药。花有清热润肺、安神益智的功效；茎有行气活血、清热解毒的功效。主治腮腺炎、乳腺炎、烫伤、糖尿病、肺结核、支气管炎、痔疮出血等。

食用仙人掌营养十分丰富，食用仙人掌是已知的含有维生素 B_2 和可溶性纤维最高的蔬菜之一。它含有大量的维生素和矿物质，含有人体必需的 8 种氨基酸和多种微量元素，以及抱壁莲、角蒂仙、玉芙蓉等珍贵成分，具有降血糖、降血脂、降血压的功效，不仅对人体有清热解毒、健胃补脾、清咽润肺、养颜护肤等诸多作用，还对肝癌、糖尿病、支气管炎等病症有明显治疗作用。

食用仙人掌高钾、低钠、低糖，糖分含量比生菜和黄瓜还低。其嫩茎可以当作蔬菜食用，果实则是一种口感

仙人掌

清甜的水果，老茎还可加工成具有除血脂、降胆固醇等作用的保健品、药品。墨西哥的饼食点心、菜肴脍炙人口，就是用当地的仙人掌科植物的花卉烹制出来的。取适量仙人掌煎汁，克治疗咽喉肿痛。

如要食用仙人掌，需购买菜用仙人掌，选择生长15~35天的嫩片，色泽嫩绿，少刺或无刺，表皮有光泽，以手掌大小为宜。制作菜肴的仙人掌首先应剔除小刺，选择锋利的薄菜刀可以很容易地把小刺削掉。

仙人掌适合于凉拌、热炒、做馅等，也可炖食或做甜点，或取适量煎汁饮用。值得注意的是并非所有的仙人掌均可食，某些野生仙人掌是不可食用的，这应在

仙人掌煎汁

选购时加以注意。

仙人掌还可以美容，用刀把仙人掌切开取其汁液涂在脸上，15分钟后用水洗净，可以消炎祛痘，收缩毛孔。

🌼 养花必知

仙人掌摆放在阳台最好，最适合放在电脑桌上，但不适合摆放在卧室。

仙人掌喜充足阳光，也耐阴；生长适温为25~35℃；盆栽用土，要求排水透气良好、含石灰质的沙土或沙壤土；新栽植的仙人掌先不要浇水，每天用喷雾喷几次即可，半个月后才可少量浇水，一个月后新根长出才能正常浇水；每10天到半个月施1次腐熟的稀薄液肥，冬季不要施肥；仙人掌最常用的繁殖方法是扦插方法。

药 用 小 偏 方

◎**胃痛：**
仙人掌3克，生姜2片，水煎服。

◎**糖尿病：**
仙人掌60克，天花粉30克，生地9克，水煎服。

◎**失眠：**
仙人掌100克，捣烂取汁，加少量白糖调服。

◎**咽喉肿痛：**
仙人掌10克，水煎服。

◎**痔疮出血：**
仙人掌、甘草各适量，浸酒饮。

◎**跌打损伤：**
仙人掌50克，捣烂后与白酒适量调匀敷患处。

办公室

非洲茉莉

——有效提高工作效率

非洲茉莉又称华灰莉木、箐黄果等，原产于我国南部及东南亚等国，为马钱科灰莉属常绿灌木或小乔木。

非洲茉莉的叶子较为厚实、翠绿，在视觉上，能够给人一种愉快感，它淡淡的香气，也会让人感觉很清新，可使人放松、有利于睡眠，还能提高工作效率。它所产生的挥发性油类具有显著的杀菌作用，而且可以调节人体内的激素平衡。

非洲茉莉是很好的净化空气的花卉，它能吸收空气中二氧化碳、二氧化硫、氯化氢等多种有害气体，而且对氨气等有抗性。但是不能摆放在空间狭小的办公室，否则会对人体健康不利。因为非洲茉莉发出的香气，实际上是一些挥发性的化学物质，成分比较复杂，长时间在浓郁的花香环境中，容易使人产生不良反应，但是放在空间较大的地方是完全没有问题的。

净化功能	有害成分简式
吸收二氧化碳	CO_2
吸收二氧化硫	SO_2
吸收氟化氢	HF
对氨气有抗性	NH_3

养花必知

非洲茉莉枝条色若翡翠，叶片油光闪亮，花朵略带芳香，花形优雅，每朵五瓣，像雨伞的形状，簇生于花枝顶端。非洲茉莉花期很长，冬夏都开，以春夏开得最为灿烂。清晨或黄昏，若有若无的淡淡幽香，沁人心脾。比较适合放在庭院栽培，也可以盆栽，摆放在办公室阳台、落地窗前、门口等处，会使周围环境散发出不一样的迷人魅力。

非洲茉莉性喜阳光充足，但要求避开夏日强烈的阳光直射；喜温暖，生长适温为 20~25℃；培养土以肥沃、排水良好的砂质土壤为佳；喜空气湿度高，无论地栽或盆栽，都要求水分充足，但根部不能积水，否则容易烂根，春秋两季浇水以保持盆土湿润为度；喜肥，生长期可每半个月施 1 次稀薄液肥；可在春季至夏季用播种、扦插或压条法繁殖。

非洲茉莉

天竺葵

——强力吸收氟化氢

天竺葵又称洋葵、石蜡红、日灿红、洋绣球，原产于南非好望角，为牻牛儿苗科天竺葵属多年生常绿草本植物。

天竺葵叶密翠绿，小花攒聚成团，非常可爱，不仅有观赏价值，还有净化空气的功能，对氟化氢有较强的吸收能力，可有效保护环境。

天竺葵还有一定的药用价值，其全株可入药，有清热消炎、解毒收敛的功效，主治痈疮、痔疮、乳腺炎、中耳炎、风湿性关节炎等。天竺葵一般在夏秋季采花，茎叶四季可采。

此外，天竺葵精油是一种非常好的平衡剂，对于情绪不稳，或更年期综合征有一定的缓解作用，而且在疲劳的时候可以在热水中放几滴天竺葵香油来沐浴，可以快速消除疲劳。

其实，天竺葵精油还是天然美容佳品，

药用小偏方

◎**风湿性关节炎、坐骨神经痛：**
天竺葵 15 克，鸡血藤 12 克，当归、牛膝各 9 克，水煎服。

可调理肌肤，滋补皮肤细胞，增加皮肤弹性，使肤色红润，并能改善细纹。平时可以用来洗脸，如果是干燥皮肤、皮炎、湿疹，用天竺葵精油来洗浴，效果很好。

养花必知

天竺葵极易成活，花期长，春、秋、冬三季都能开花，花色多样，鲜艳夺目，是比较理想的盆栽花开。因其花香独特，可以作为卧室的驱虫剂，但当花香过于浓郁时会引起胸闷、头晕等不适感，所以要注意卧室通风，以便最大限度地发挥其有益功效。

天竺葵喜阳光充足，但是忌阳光直射；喜温暖，怕高温，生长适温 3 ~ 9 月为 13 ~ 19℃，冬季温度为 10 ~ 12℃；宜肥沃、疏松和排水良好的砂质土壤；生长期土壤不宜过湿，以稍干燥为佳；每月施肥 1 次，以复合肥为主；家庭繁殖一般以扦插繁殖为主。

天竺葵

卧室

花叶芋

——天然的除尘器

花叶芋又称双色竹芋、孔雀草，原产于巴西，为竹芋科竹芋属多年生常绿草本植物。

花叶芋能净化空气中的甲醛和氨气，吸收二氧化碳，释放氧气，还能增加空气湿度和负离子含量。

净化功能	有害成分简式
吸收甲醛	HCHO
吸收氨气	NH_3
吸收二氧化碳	CO_2

负离子对呼吸系统的影响最明显，这是因为负离子是通过呼吸道进入人体的，它可以提高人的肺活量。有人曾经试验，在玻璃面罩中吸入空气负离子30分钟，可使肺部吸收氧气量增加20%，而排出二氧化碳量可增加14.5%。人每天需要约130亿个负离子，而我们的居室、办公室、娱乐场所等环境，只能提供约120亿个。这种供不应求的情况，往往容易导致人患上肺炎、气管炎等呼吸系统疾病。

负离子不仅能增强肺功能，还能促使人体合成和储存维生素，强化和激活人体的生理活动，因此它又被称为"空气维生素"，认为它像食物的维生素一样，对人体及其他生物的生命活动有着十分重要的影响。总之，负离子是一种对人体健康非常有益的远红外辐射物质。

但是，现代人的居住环境却减少了空气中负离子的含量。例如，集中采暖以及冷气设备的空调系统，有驱除负离子的作用；合成纤维、地毯、钢筋、纤维板带有正电荷易吸收负离子。所以在房间里摆放几盆能释放负离子的花叶芋，让它源源不断地给我们提供负离子，对我们的健康是极有好处的。

🌸 养花必知

花叶芋喜半阴；喜温暖，生长适温为18~25℃；土壤以疏松、富含腐殖质且排水良好的壤土为宜；生长期除了保持盆土湿润，还要经常向其叶面及其周围喷水；喜肥，要每隔3~4周施1次稀薄液肥；常在春末夏初用分株方式繁殖。

花叶芋

万年青

——有效清除三氯乙烯

万年青又称开喉剑、九节莲、冬不凋、铁扁担，原产于我国河北，为百合科万年青属多年生常绿草本植物。

万年青以它独特的空气净化能力著称，可有效吸收尼古丁、甲醛、三氯乙烯、硫化氢、苯、苯酚、氟化氢和乙醚等有害物质，并释放出氧气。空气中污染物的浓度越高，它越能发挥其净化能力，尤其是对免疫力比较弱的老年人非常有好处。

万年青有很高的药用价值，以根状茎或全草入药，有清热解毒、强心利尿的功效，可防治白喉、咽喉肿痛、细菌性痢疾、风湿性心脏病、心力衰竭。外用可治疗跌打损伤、毒蛇咬伤、烧烫伤、乳腺炎、痈疖肿毒。一般方法是：内用取根状茎 15 ~ 25 克，叶 5 ~ 10 克，煎水服；外用取叶适量，捣烂取汁搽患处，或捣烂敷患处。万年青一般于秋季采挖根状茎，洗净，去须根，鲜用或切片晒干，全草鲜用，四季可采。

健康功能	有害成分简式
吸收尼古丁	$C_{10}H_{14}N_2$
吸收甲醛	CH_2O
吸收三氯乙烯	C_2HCl_3
吸收硫化氢	H_2S
吸收苯	C_6H_6
吸收苯酚	C_6H_6O
吸收氟化氢	HF
吸收乙醚	$C_4H_{10}O$

养花必知

万年青叶片宽大苍绿，浆果殷红圆润，美丽怡人，历来是一种观叶、观果兼用的花卉。它的小型盆栽，常放在案头、窗台等地观赏，中型盆栽可放在客厅墙角、沙发旁来装点家居，令室内生机盎然，也可以放置在卧室，令人神清气爽。

万年青耐半阴，忌阳光过分强烈，但光线过暗，也会导致叶片褪色；喜高温，不耐寒，生长适温 20~30℃，12℃以上可安全越冬，一旦受冻则叶片黄萎、顶芽坏死；要求疏松、肥沃、排水好的土壤；生长期要多浇水，夏季需经常向植株和周围空气喷水，以增加空气湿度；生长期每月施氮肥，促其迅速长大，秋后减少施肥；常用扦插繁殖，春夏都可进行。

万年青

桂花

——吸收微尘，送清新

桂花又称岩桂、木樨、金粟、丹桂，俗称桂花树，原产于我国西南部及印度等地，为犀科木樨属常绿灌木或小乔木。

桂花树四季常青，集绿化、香化于一体，自古以来是庭院绿化的亮点和重点，桂花对氯气、二氧化硫、氯化氢都有一定的抗性；它的纤毛能截留并吸滞空气中的飘浮微粒及烟尘，减少噪声，起到保护环境的作用。

净化功能	有害成分简式
对氯气有抗性	CL_2
对二氧化硫有抗性	SO_2
对氯化氢有抗性	$HC1$

桂花的美是内在的美，满树枝头挂满乳黄或乳白的小花，微风下，能够发出淡而不俗的清香，沁人心脾，香味虽浓郁但不会刺激人的嗅觉。而且这种香味有降压除烦的功效，有利于人的身心健康。

桂花是一种天然药材，花、叶、皮、子、根均可入药。花有散瘀破结、化痰止咳

的功效，主治痰湿、喘咳、血痢、牙痛、口臭等症；果实有暖胃、平肝、散寒的功效；枝、叶有温中散寒、暖胃止痛的功效；籽有理气、散寒、平肝的功效；桂花油有抗菌消炎、止咳平喘、化痰的功效。桂根则可治疗筋骨疼痛、风湿麻木等病症。

桂花是常用的烹饪材料，早在战国时期，屈原就已有"奠桂酒兮椒浆"的诗句。用桂花可泡茶、酿酒，制成蜜饯、糖果、菜肴等，不仅营养丰富，而且口味清香，可增进食欲，如果常食还可驻颜延年。

《本草纲目》上记载桂花能"生津辟臭"，桂花能消除口臭，这里给大家介绍一道飘香的玉花粥，治疗口臭有神奇的效果。做法是：取阴干桂花 3 克，玉米粒 50 克。将玉米粒在水中浸泡 1 个小时之后，放入锅中，再倒入适量的清水开始用大火煮，煮 10 分钟后，改用文火煮至玉米粒开花，把桂花加入粥中，

桂花

待香气溢出时，就可以吃了。可以每天早晚各服一次。桂花之所以能治疗口臭，源于桂花的健脾功能，因为口臭大多是由于脾胃虚弱所致。

桂花可以制成很多饮品，虽然都是桂花，但是制作方法不同，疗效就不同。桂花开放时，不妨摘取一些新鲜的桂花，泡茶喝有顺气、开胃、健身之效。桂花茶还具有养颜美容的功效，用桂花泡酒有补血养心、健脾益气、安神定志、散瘀止痛的功效，味道甘美，是极适合女性饮用的饮品，被誉为"妇女幸福酒"。做法是：取桂花 120 克，桂圆肉、白糖各 500 克，浸入 5000 毫升白酒中，浸泡半年后饮用。还可将桂花蒸馏成桂花露，有疏肝理气、醒脾开胃之功效，适用于脘腹胀闷等症。

桂花酒

🌼 养花必知

桂花四季常绿，一般栽种在庭院，秋风送爽时节，桂花满院飘香；也可以把桂花栽培成小型盆栽，放在客厅向光的窗台上，它就可以长期吸附家里的异味，通过光合作用释放出干净的氧气和阵阵的幽香。折一两枝瓶插在客厅、卧室、餐厅，味道香甜可人，令人心情舒爽。

桂花喜光，但也耐半阴；喜温暖，不耐严寒，生长适温为 18~28℃；以深厚、肥沃和排水良好的微酸性壤土为宜，忌碱性土，喜湿润；但要避免盆内积水，生长期土壤要保持湿润，花期的时候要少浇水，以免影响开花；喜肥，生长期间每周都要施 1 次稀薄液肥，开花时不要过分折枝，以免伤了树的元气，影响来年开花，一般在 6 月至 8 月下旬进行扦插繁殖。

药 用 小 偏 方

◎呕吐：
桂花子、黄荆子各 15 克，丹参 30 克，水煎服。

◎荨麻疹：
桂花 9 克，水煎服。

◎经闭腹痛：
桂花 30 克，荔枝肉适量，水煎加红糖冲服。

◎胃寒疼痛：
桂花子适量，水煎服。

客厅

苏铁

——抗二氧化硫、汞蒸气

苏铁又称铁树、凤尾松、梭罗花，原产于我国中南部、印度、日本及印度尼西亚，为苏铁科苏铁属常绿乔木。

苏铁是2亿多年前已在地球上广泛分布的"化石植物"，有"植物界的大熊猫"之称。

苏铁有一定的环保作用，可以吸收空气中的二氧化硫、汞蒸气等有毒气体，从而起到净化空气的作用。

苏铁还具有一定的药用功效，花、叶、根、果实、种子均可入药。花有活血化瘀、理气止痛、益肾固精的功效，主治咯血、呕血、跌打损伤、遗精、带下；叶有理气活血、和胃止痛的功效，主治肝胃气痛、闭经、咳嗽、呕血；根有滋阴清火、

净化功能	有害成分简式
吸收二氧化硫	SO_2
吸收汞蒸气	Hg

苏铁

祛风、活络、益肾的功效，主治虚火牙痛、肺结核、咯血、腰痛无力、风湿痹痛等；果实和种子有消食宽中、除痰止渴、益气润颜、平肝降压的功效，主治痢疾、咳嗽和各种出血等症。要注意的是，叶、根、种子有小毒，须慎用，孕妇和小儿忌服。苏铁一般在夏季采花，秋季采果实、种子，根、叶四季可采收，鲜用或晒干备用。

苏铁在治疗女性闭经方面很有疗效。闭经是妇科疾病的常见症状，其原因错综复杂，受发育、遗传、内分泌、免疫、精神异常等多种因素影响，也可由肿瘤、创伤及药物因素导致。一旦闭经情况发生要引起重视，除了用常规药物之外，还可以用苏铁来帮忙，方法是：将苏铁叶晒干，捣成药末，每次6~10克，用1匙黄酒送服。

别看苏铁干坚硬如铁，其实它的嫩叶可做蔬菜。这里推荐一款效果很好的苏铁药膳，可有效治疗胃气痛。胃气痛就是胃脘气机失调所致胃脘部疼痛，多由肝气引起，恼怒之后，肝气横逆犯胃，常见胁满胀痛，时有叹息。凡肝气引起的胃痛，经久不愈，极易化火。可以取

苏铁花 30 克，猪心 1 个，加适量调料炖熟，饮汤吃肉，可有效缓解疼痛。

苏铁花也是可以食用的，把它研成细末，用来煮粥，还有一定的药用功效的。苏铁花粥的具体做法是：取苏铁花 10 克，研成细末，兑入粳米 100 克，一起煮熟。此粥有活血祛瘀的功效，适用于咯血、吐血的人食用。

还有一款苏铁治疗腹泻的药膳——苏铁叶煮鸡蛋，制作方法和煮茶叶蛋差不多。把煮茶叶蛋的所有调料都放好之后放几片苏铁叶就可以了，别看只加上几叶苏铁叶，其治疗腹泻的功效还是比较显著的。

养花必知

苏铁四季常青，主干古朴挺拔，其

苏铁花粥

羽叶如针，生于树端，犹如开屏孔雀的羽毛，所以又称凤尾蕉。家庭种植的话一般以中小型为主，可放在庭院的入口处，或放在客厅的四周。但是注意居室小的不能摆放苏铁，尤其不能摆放在小孩接触的位置，因为其叶子非常硬而尖锐，触碰容易受伤。摆放在办公室的话，常放在会议室或门厅两侧，显得公司气宇轩昂。

苏铁喜阳光照射，最好一年四季放在阳光充足的地方；喜温暖，生长适温为 20~30℃；喜排水良好、疏松、肥沃的沙质酸性土壤；生长期要保持土壤湿润，夏天浇水要充分；生长季节每月施 1 次薄肥，秋凉后停止施肥；一般用播种法、分株法繁殖。

药用小偏方

◎ **血热吐血：**
苏铁叶、紫金牛各 15 克，野芝麻 12 克，青石蚕 9 克，水煎服。

◎ **胃脘疼痛：**
铁树叶 30~60 克，水煎服。

◎ **高血压：**
苏铁花 15 克，苏铁子、菊花各 10 克，水煎服。

◎ **咳嗽、咯血：**
鲜苏铁花 30 克，冰糖适量，水煎服。

◎ **跌打损伤：**
苏铁花适量，研成细末，开水送服。

◎ **白带量多：**
苏铁花、鸡冠花各 30 克，水煎服。

客厅

仙客来

——抵抗二氧化硫先锋

仙客来又称萝卜海棠、兔耳花、兔子花、一品冠、篝火花，原产于地中海一带，花期长，可达 5 个月，从 11 月可持续到次年 4 月，为报春花科仙客来属多年生草本植物。

人们喜欢花卉植物，因为它不仅美丽，而且可以让家居环境变得更好，而作为盆花之王的仙客来，就有相当显著的净化空气功能。仙客来通过叶片吸收二氧化硫，并用光合作用将其转化为无毒或者低毒的硫酸盐等物质，对其他一些有害气体如氨气、氯气也有一定的吸收能力。

除此之外，仙客来还能够吸收二氧化碳，同时释放出氧气，并且能使室内空气中的负离子含量增加，并提高室内空气湿度，把它摆放在家里是最合适不过的了。

大多数仙客来都有香气，其含有的挥发性物质，对人的情绪有很好的调节

健康功能	有害成分简式
吸收二氧化硫	SO_2
吸收氨气	NH_3
吸收氯气	Cl_2
吸收二氧化碳	CO_2

作用，有些散发出来的香味能振奋精神，改变人们无精打采的状态。所以，可以让人们在紧张工作中得到放松。

仙客来还有一定的加湿功能，在使用空调的紧闭房间里，起着保护皮肤的重要作用。还能不断补充新鲜的氧气，对我们的身体非常有益。把赏心悦目的仙客来摆在家中，还能消除眼睛的生理疲劳。

🌼 养花必知

仙客来在生长期中需要充足的光照条件方可开花持久；喜温暖，不耐高温与严寒，最高温度不可超过 30℃，冬季不得低于 5℃；土壤需要疏松透气、排水良好的微酸性土；喜湿润，不耐干燥，生长期间空气湿度需要保持在 60%~70%，盆土需要保持湿润；施肥一般选择在生长期进行，氮磷钾需要均衡；一般在春秋两季进行扦插繁殖。

仙客来

石竹

——提神养眼，缓解疲劳

书房

石竹花又称洛阳花、中国石竹、石竹子花、石竹兰、石柱花、汪颖花、绣竹、日暮草、瞿麦草等，原产于小亚细亚至高加索地区，为石竹科石竹属的多年生草本植物。

石竹株型低矮，茎秆似竹，叶丛青翠，在疲倦时看上几眼，可以让人心旷神怡，疲劳顿消，有提神养眼的作用，而且可以让人们产生积极的心态。

有花谚说："草石竹铁肚量，能把毒气打扫光"，意思是说石竹还可以净化空气，有吸收二氧化硫和氯气的本领。它在吸收二氧化碳，释放氧气的同时，还能增加室内空气湿度，改善空气质量，从而减少家里人患感冒的概率。而且石竹的叶子与根部的气孔可以吸收对人体有害的物质，将这些有害物质转化为氧气、糖和各种氨基酸。

石竹带有淡淡的香味，它可以产生

药 用 小 偏 方

◎ **尿路感染：**
石竹全草 15 克，水煎服。

◎ **痈肿初起：**
鲜石竹花、鲜蒲公英各 15 克，捣烂外敷患处。

◎ **鼻出血、尿血、便血：**
石竹花 30 克，大枣、生姜各 6 克，山栀子 10 克，甘草 12 克，灯芯草 3 克，水煎服。

挥发性油类，具有显著的杀菌作用，特别是它的香味可以对结核杆菌、肺炎球菌、葡萄球菌的生长繁殖具有明显的抑制作用。石竹一般在春季开花之前采割全草，鲜用或晒干备用。

养花必知

石竹花喜光，但是夏季避免阳光直射，要以散射光为宜；喜凉爽，耐寒，怕酷热，生长适温为 7~20℃；土壤以疏松肥沃、干燥、排水良好的砂质土壤为宜；喜干燥，掌握不干不浇的原则，忌盆内积水；生长期每月施复合肥 1 次，要及时摘心，可促进开花，落花后要及时修剪，以促使二次开花；常用播种和扦插繁殖。

石竹

文竹

书房

——活跃思维小助手

文竹又称云片松、刺天冬、云竹，原产于南非，为百合科天门冬属多年生常绿草本植物。

文竹除了能吸收二氧化硫、二氧化氮、氯气等有害气体外，还能分泌出杀灭细菌的气体，减少感冒、伤寒、喉头炎等传染病的发生，对人体的健康是大有好处的。而且这种气体还有提神清脑的作用，可以帮助主人活跃思维，提高工作效率。

文竹也有一定的药用价值，其以根入药，具有润肺止咳、凉血通淋、解毒利尿、凉血解毒的功效，主治阴虚肺燥、咳嗽、咯血、小便淋沥、肺结核咳嗽、急性支气管炎等。此外，对肝脏、精神抑郁、情绪低落有一定的调节作用。文竹全年可采，鲜用或晒干备用。

文竹不是竹，只因其叶片轻柔，常年翠绿，枝干有节似竹，且姿态文雅潇洒，故名文竹。其叶片纤细秀丽，密生如羽

文竹

药 用 小 偏 方

◎**急性气管炎、哮喘：**
文竹根 15 克，杏仁 9 克，前胡 12 克，水煎服。

◎**感冒发烧：**
文竹根 15 克，桑叶、连翘、菊花、薄荷各 9 克，水煎服。

◎**小便淋沥：**
文竹 20 克，黄檗、茴香、瞿麦、车前子各 9 克，水煎服。

毛状，翠云层层，株形优雅，独具风韵。果实成熟后，会现出浓绿丛中点点红的景象，非常可爱。而且文竹耐阴，摆在床头、茶几，文雅大方，是一种很好的室内花卉。

文竹喜光，但是忌强光；喜温暖，生长适温为 18~25℃，冬季需 15℃以上才能生长良好；土壤以疏松肥沃的土壤为宜；文竹喜湿润怕泡根，宜经常给叶面喷水，一般夏季每天叶面喷 1~2 次水，冬季在保持土壤湿润的情况下，每 3~4 天给叶面喷一次水即可；喜肥，春秋两季每周施 1 次薄肥，冬季 15~20 天施 1 次薄肥；常用分株法繁殖。

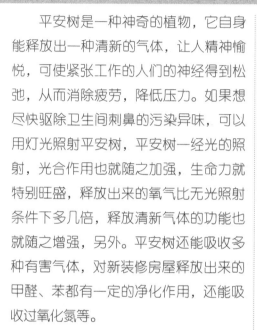

平安树
——自身释放清新气体

平安树又称兰屿肉桂、红头屿肉桂、红头山肉桂、芳兰山肉桂、大叶肉桂、台湾肉桂等，原产于我国，为樟科樟属常绿小乔木。

平安树是一种神奇的植物，它自身能释放出一种清新的气体，让人精神愉悦，可使紧张工作的人们的神经得到松弛，从而消除疲劳，降低压力。如果想尽快驱除卫生间刺鼻的污染异味，可以用灯光照射平安树，平安树一经光的照射，光合作用也就随之加强，生命力就特别旺盛，释放出来的氧气比无光照射条件下多几倍，释放清新气体的功能也就随之增强，另外。平安树还能吸收多种有害气体，对新装修房屋释放出来的甲醛、苯都有一定的净化作用，还能吸收过氧化氮等。

平安树除有净化空气的功能外，还有一定的药用功能，其皮可入药，有祛风散寒、止痛化瘀、活血健胃的功效，尤其对慢性胃炎有显著的疗效。慢性胃炎是常见病，其症状表现为上腹疼痛、食欲减退和餐后饱胀，进食不多但觉过饱。症状常因冷食、硬食、辛辣或其他刺激性食物而引发或加重，所以生活调理对慢胃炎患者是很重要的治疗方法。其实还可以用平安树来缓解此症状，取适量，水煎服即可。

养花必知

平安树形态优美，可以放在卫生间、客厅、卧室等处，净化空气的同时可以使人心情愉悦。

平安树需要较好的光照，但又比较耐阴；喜温暖，生长适温为 20~30℃；宜采用疏松透气、排水通畅、富含有机质的肥沃酸性培养土或腐叶土；要求有一个盆土湿润的环境，但又不能有积水；需肥量较大，可每月追施 1 次稀薄的饼肥水或肥矾水等；一般用分株或扦插法繁殖。

健康功能	有害成分简式
吸收甲醛	CH_2O
吸收苯	C_6H_6
吸收氮氧化物	NO_3

平安树

卫生间

艾草

——有效吸附室内异味

艾草又称冰台、遏草、香艾、蕲艾、艾蒿、艾、灸草、艾绒等，原产于气候温和的欧洲、亚洲、北非等，为菊科蒿属多年生草本植物。

艾草有很多功能，可以吸附室内异味，并且能预防和治疗高血压、风湿关节炎、腿脚麻木、糖尿病、感冒、脑溢血和脑血栓、神经衰弱和失眠；祛寒暖身，消除疲劳，强身健体，延年益寿，使人感到身心愉快。艾草一般在5~7月花尚未开、叶正茂盛时，采叶阴干。

艾草古代就被人们广泛利用，《本草纲目》记载："艾治百病，也可煎服。治吐血腹泻，阴部生疮，妇女阴道出血，利阴气，生肌肉，辟风寒，使人能有生育能力，煎时不要见风。捣汁服，止伤血，杀蛔虫。治鼻血便血，脓血痢，可水煎制成丸、散。止崩血，肠痔血，揭刀伤，止腹痛，安胎。苦酒作煎，用来治癣效果极好。捣汁饮，治心腹一切冷气，治白带过多，止霍乱转筋，痢后寒热，治腹胀腰痛，温中、逐冷、除湿。"这里详细说明了艾草的多种功能和用法。

此外，还可以用艾叶水泡脚养生，此方法能有效地去除体内虚火。方法是：取艾叶一小把，煮水后泡脚。或用纯艾叶做成的清艾条取1/4，撕碎后放入泡脚桶里，用滚开的水冲泡一会儿，等艾叶泡开后再兑入一些温水泡脚，泡到全身微微出汗。一般连泡数次，2~3天后即可有效。在泡脚期间还要注意多喝温开水，不吃寒凉的食物。也可以在泡脚的时候喝上一杯生姜红枣水效果更佳，同时保证充足的休息时间。坚持一段时间后，由体内虚火引起的黑眼圈就会明显好转。

🌼 养花必知

艾草适应性强，避免强光直射；喜温暖，生长适温为15~25℃；不择土壤，只要是向阳且排水顺畅的地方都可生长，但以湿润肥沃的土壤生长较好；喜湿润，生长期保持盆土湿；每月施1次稀薄液肥即可；一般用分株或播种法进行繁殖。

艾草

冷水花

——抗油烟新星

冷水花又称透明草、花叶荨麻、白雪草、铝叶草，原产于越南，为荨麻科冷水花属多年生草本植。

冷水花吸收二氧化碳的能力比一般花卉高 2.5 倍，并且还能消除室内装修材料和家具散发的甲醛和二氧化硫等有害气体，能吸收净化烹饪时散发出来的油烟，迅速净化居室空气。它们恰似一个环保大家族，遍布世界各地。如哥伦比亚产的皱叶冷水花，秘鲁产的泡叶冷水花，都具有这种抗污吸毒的功能。

人们十分喜爱这个经济实惠的天然空气清新剂，被称之为"抗污新星"，对居室卫生和人体健康大有裨益。

冷水花全草可入药，有清热利湿、生津止渴、消肿散结、健脾和胃和退黄护肝的功效，主治湿热黄疸、赤白带下、淋浊、尿血、小儿夏季热、消化不良、

净化功能	有害成分简式
吸收二氧化碳	CO_2
吸收甲醛	CH_2O
吸收二氧化硫	SO_2

跌打损伤、外伤感染等。一般取冷水花15~30 克，煎汤服，或浸酒。外用的话，取适量鲜叶捣烂外敷即可。

养花必知

冷水花株丛小巧素雅，分枝较多，叶呈椭圆形，叶色绿白分明，边缘有锯齿，脉络微凹，纹样美丽，叶质稍厚，柔韧似海绵。在夏秋时节开黄白色小花，清秀淡雅，整棵植株宛若一位披上翡翠轻纱的少女亭亭玉立。冷水花最适合摆放在厨房，可吸收油烟味，也可陈设于书房、卧室，清雅宜人，或是悬吊于窗前，绿叶垂下，妩媚可爱。

冷水花以散射光为宜，怕在阳光下曝晒；最适温度为 15 ~ 25℃，冬季温度低于 5℃易受冻害；不择土壤，排水良好即可；喜湿润，生长季节应经常保持盆土湿润，夏季要经常向叶面喷水；生长期每月施 1~2 次氮肥，秋季多施磷钾肥；可在春秋两季进行扦插和分株法繁殖。

冷水花

厨房

芦荟

——净化空气专家

芦荟又称卢会、讷会、象胆、奴会，原产于非洲的亚热带荒漠地带，为百合科芦荟属多年生草本植物。

盆栽芦荟有"空气净化专家"的美誉，一盆芦荟就等于九台生物空气清洁器，可吸收甲醛、二氧化碳、二氧化硫、一氧化碳等有害物质，尤其对甲醛吸收特别强。据专家分析，在 24 小时照明的条件下，可以消灭 1 立方米空气中所含的 90％的甲醛。除此之外，它还能杀灭空气中的微生物，并且吸附灰尘。当室内有害空气过高时芦荟的叶片就会出现斑点，这就说明室内空气中的有害物质浓度很高，是在警诫人们需要开窗通风了，或是在室内再增加几盆芦荟，室内空气质量就会趋于正常。

早在 1000 多年前，古埃及人就赞扬芦荟是"不用医生的万用灵药"。其花、叶、根均可入药，对胃溃疡、消化不良、

净化功能	有害成分简式
吸收甲醛	CH_2O
吸收二氧化碳	CO_2
吸收二氧化硫	SO_2
吸收一氧化碳	CO

肺结核、外伤，都有较好的效果。它含有大量的多糖体，可以降低胆固醇，软化血管。芦荟的缓泻和利尿作用可以提高人体的排泄功能，这是治愈高血压不可缺少的要素。另外，它也可以消除其他降压药物副作用对人体的危害。芦荟一般冬季采花，根叶四季可采，切片晾干备用，鲜叶随时可采。

芦荟有增强胃肠功能，增加食欲的作用，因此食欲不振、消化不良者可以吃芦荟，以改善胃肠功能，增强体质。芦荟还可以泻下通便，其所含的芦荟素能增加消化液分泌，促进肠蠕动。便秘易加重心脑血管病，造成自身中毒。中老年人易患便秘，这时可以吃点芦荟，一般服后 8~12 小时即可排便。

芦荟能够刺激人们的呼吸中枢，使人保持旺盛的精力和身心健康状态，从而产生愉悦、舒畅情绪，让人每天保持

芦荟

好心情。

芦荟中的粘多糖类物质，能增强人体免疫功能。肿瘤、高脂血、糖尿病、乙型肝炎、肾炎、红斑狼疮等病患，适当吃点芦荟大有好处。芦荟还有抗衰老、抗过敏、强心、利尿的作用，有利于老年人健康。因此，食用新鲜芦荟是自然保健的好办法，可以制成芦荟鲜叶茶、饮芦荟酒等。

芦荟中含的多糖和多种维生素对人体皮肤有良好的营养、滋润、增白作用；芦荟中含的胶质能使皮肤、肌肉细胞收缩，从而锁住水分，可恢复皮肤弹性，消除皱纹。芦荟还对面部痤疮、粉刺有良好的治疗作用，取一片一年生以上芦荟鲜叶，把它两侧的刺去掉，再把叶片上下的皮去掉，将处理好的芦荟叶用清水冲洗约半分钟，然后切成薄片敷到面部就可以了，过几分钟就换一片。

芦荟鲜叶

🌼 养花必知

家庭盆栽芦荟，特别适合厨房、阳台、卧室、客厅等地方，既可观赏，又可美化环境空气，减轻空气污染的程度。

芦荟需要充分的阳光才能生长；芦荟长期生长在终年无霜的环境中，因而怕寒冷，生长最适宜的温度为15~35℃；土壤以排水性能良好，不易板结的疏松土质为宜；喜湿润，最怕积水，在阴雨潮湿的季节或排水不好的情况下很容易叶片萎缩、枝根腐烂以至死亡；芦荟不仅需要氮磷钾，还需要一些微量元素；芦荟一般都是采用幼苗分株移栽或扦插等技术进行繁殖。

药 用 小 偏 方

◎**咯血、尿血：**
芦荟花或叶15克，水煎加白糖调服。

◎**慢性肝炎：**
芦荟花、胡黄连各1.5克，黄檗3克，研成细末，开水送服。

◎**便秘：**
芦荟适量，捣烂取汁，加蜂蜜调服。

◎**尿路感染：**
芦荟根15克，水煎服。

◎**糖尿病：**
芦荟叶120克，水煎服。

棕竹

——除异味及金属污染

棕竹又称观音竹、筋头竹、棕榈竹、矮棕竹，原产于我国，花期4～5月，果10～12月成熟，为棕榈科棕竹属常绿观叶植物。

棕竹是一种比较默默无闻的植物，很多人会选择它作为装饰家居的植物，但却少有人知道它的名字。事实上，它除了有雅致的外表之外，还有很好的改善家居环境的功能。其美化家居的能力，不亚于其他植物，它的绿叶绿油油的，生命力很强，几天不浇水，它也不容易变黄。棕竹还能吸收家居中的有害物质，吸收氨气和氯仿效果极佳。

氨气的危害上文已经提到过，那氯仿对人体又有哪些危害呢？氯仿有中等毒性，可经消化道、呼吸道、皮肤接触进入机体。其最大的危害就是对中枢神经系统有麻醉作用，对眼及皮肤有刺激

健康功能	有害成分简式
吸收氨气	NH_3
吸收氯仿	$CHCl_3$

作用，并能损害心脏、肝脏、肾脏。

棕竹还可以有效去除厨房的浑浊气体，为人们提供新鲜空气，减少各种家用电器的辐射，减轻重金属污染，为人们提供更加健康的生活和工作环境。所以在厨房里放几盆棕竹，就是为家人的身体搭建了绿色屏障。

棕竹还有一定的药用价值，它可以镇痛、止血，用于各种外伤疼痛、鼻衄、咯血、产后出血过多等症。

🌸 养花必知

棕竹放在家里的任何一个角落，都是一道别致的风景。中小型盆栽常放在厨房、餐桌、床头等处，极为雅致。

棕竹极耐阴，夏季应适当遮阴；喜温暖，生长适宜温度10～30℃，气温高于34℃时，叶片常会焦边，生长停滞，越冬温度不低于5℃；喜湿润，生长期要保持盆土湿润；要求疏松肥沃的酸性土壤，不耐瘠薄和盐碱；喜肥，每月可施2次氮肥；常在4月进行扦插繁殖。

棕竹

第七章

特殊人群养对花草助健康

特殊人群的体质与大多数人不同，免疫力相对低下，不能随便养花，要选对适合的花才能对身体有益，否则会起反作用。除此之外，还有些花草的寓意特别好，特别适合特殊人群养，比如说向日葵象征阳光向上，特别适合孩子，万寿菊象征着长寿，特别适合老人，而康乃馨象征着母爱，特别适合准妈妈，可让孕妇看着心情愉快……

秋海棠

——抑病杀菌吸甲醛

秋海棠又称相思草、八月春、岩丸子，原产于巴西，如今在我国各地均有栽培，为秋海棠科秋海棠属多年生常绿草本花卉。

秋海棠对空气中的二氧化硫、氟化氢有较强的抗性，还可吸收空气中的甲醛，其挥发出来的物质还有抑菌、杀菌的作用。秋海棠遇到有毒气体时，叶片会出现斑点，因此可以作为很好的空气质量检测植物。

秋海棠有很高的药用价值，其花、叶、茎、根均可入药。花有生肌、消肿、活血、杀虫的功效，主治风湿痹痛、跌打损伤；茎、叶有清热解毒的功效，主治痈疡、跌打损伤；根有活血化瘀、止血清热的功效，主治吐血、咯血、喉痛、淋浊、月经不调等症。一般夏秋采花，秋季采

健康功能	有害成分简式
对二氧化硫有抗性	SO_2
对氟化氢有抗性	FH
吸收甲醛	CH_2O

根茎，全年采叶，初冬采种子，鲜用或晒干备用。

秋海棠还能缓解支气管扩张。支气管扩张可发生于任何年龄，但以青少年为多见。大多数患者在幼年曾有麻疹、百日咳或支气管肺炎迁延不愈病史，一些支气管扩张患者可能伴有慢性鼻窦炎或家族性免疫缺陷病史。典型的症状为慢性咳嗽、大量脓痰和反复咯血，有此症状要及时就医，除了采用常规药物治疗之外，还可以取秋海棠辅助治疗。下面介绍一个来自民间的小偏方，方法是：取秋海棠根、侧柏炭各 10 克，水煎服。

秋海棠还可以外用，比如说身上长了癣，可以取秋海棠块茎适量，捣烂取汁，涂抹患处。

秋海棠花有食用价值，由于茎叶多汁无毒，南方人多采摘食用，做汤料、菜肴，还将天葵和秋海棠嫩叶一起制作

秋海棠

茶叶泡饮,有消暑、健胃、解酒的作用。而且海棠花不仅好看还好吃,可烹调中西各式美味佳肴,配入用厚味炸的鱼或禽畜肉里,别具特色。无论是花蕾或是花瓣均可入菜,其香气清淡,味微酸。常食海棠花菜品,有解酒生津、止渴降火的功能。

这里介绍一款补肾强筋、健脾养胃、活血止血的实用药膳,就是海棠花栗子粥,做法是:将栗子去内皮,切成碎米粒大小,同粳米一起放入锅中,加适量清水;用旺火烧沸后,再改用小火煮至米熟烂为止;放入冰糖、秋海棠花,再用小火略熬煮即可,早晚食用。这款粥适用于治疗吐血、便血等症,还可用于跌打损伤的治疗。

海棠花栗子粥

养花必知

秋海棠姿态优美,小巧玲珑,叶色光亮娇嫩,花朵成簇,四季开放,无论是观叶还是观花,细细赏之,神韵无穷。既适应于庭园、花坛;盆栽秋海棠又常用以点缀客厅、橱窗或装点家庭窗台、阳台、书桌、茶几、案头和商店橱窗等地。

秋海棠喜光,光照充足,花开灿烂;生长适温为 10 ~ 30℃,冬季温度不低于 10℃;花期栽培土壤以泥炭土或腐叶土、园土、沙配成为宜;冬季要减少浇水,夏季则应适当在叶面喷水并保持叶面清洁;一般 15 天左右需施一次完全腐熟并加水稀释过的液肥,施肥时要避免施在叶面或根部,否则容易引起肥害;如需繁殖,最好在春秋两季进行播种和扦插繁殖。

药用小偏方

◎**痢疾:**
秋海棠花或根 6 克,水煎加白糖适量服。

◎**咽痛:**
秋海棠根适量,捣烂取汁加凉开水含漱。

◎**吐血、咳血:**
秋海棠块茎 30 克,水煎服。

◎**月经不调:**
秋海棠根 10 克,益母草 20 克,水煎服。

◎**跌打损伤:**
秋海棠花或全草或块茎适量,加甜酒捣烂,敷患处。

老年人

万寿菊

——去除污染意吉祥

万寿菊又称芙蓉、万寿灯、蜂窝菊、蝎子菊，原产于墨西哥，我国各地均有栽培，为菊科万寿菊属一年生草本植物。

寓有吉祥之意的万寿菊，早就被人们视为敬老之花。据说古时候有个县令过六十大寿，管家为了增添气氛，遂在大门口摆上了两列盆花，此花黄绿交辉，耀眼异常，顿时给府邸增添了无尽的喜庆气氛。县令大喜，问道："这是什么花？"管家回答说："是瓣臭菊。"谁料县令听错了，说"啊，是万寿菊，不错，不错！"管家连忙恭维道："对，对，祝老爷万寿无疆！"从此，万寿菊之名便不胫而走。1688年清代陈扶摇所撰写的《花镜》一书中，正式写上了"万寿菊"的芳名。

万寿菊净化空气的作用很强，对二

健康功效	有害成分简式
抵抗二氧化硫	SO_2
抵抗氟化氢	HF
吸收氮氧化物、氯气	Cl_2

氧化硫和氟化氢有抗性，又能吸收氮氧化物、氯气等有害气体，还能吸收一定量的铝蒸汽，是工业污染区理想的环保花卉。

万寿菊有一定的药用价值，其花、叶根均可入药，有清热解毒、平肝清热、祛风、化痰、强心利尿、凉血止血的功效，可用于治疗头晕目眩、风火眼痛、小儿惊风、感冒咳嗽、百日咳、心力衰竭、水肿、咽喉肿痛、急性扁桃体炎、咯血止血、乳痈、痄腮、疮疡、蛇咬伤等。它能够延缓老年人因黄斑退化而引起的视力退化和失明症，以及因机体衰老引发的心血管硬化、冠心病和肿瘤疾病。万寿菊一般在6~10月花期采花，根随时可采。

万寿菊的食疗价值很值得推荐。在一些国家，人们还喜欢用万寿菊作为菜肴的佐料。诸如高加索是世界上著名的"长寿之乡"，当地的人几乎

万寿菊

每餐都要食用它。比如以万寿菊和鲜奶为主要原料，通过发酵制成一种具有多种营养成分和保健功效的新型酸奶食品。

在我国万寿菊菜肴也很受欢迎，比如清热去火的首选食谱——万寿菊炖雪梨，而且对咳喘也有一定的疗效。做法也比较简单：取梨600克，万寿菊花15克，陈皮5克，冰糖20克。雪梨削去外皮，去掉梨核，切成块；万寿菊、陈皮分别用水洗净，与冰糖一起放入炖盅内，加入水，放在火上，用大火烧开。盖好盖，改用小火炖40分钟左右，至雪梨软烂时就可以喝了。此汤既甘甜可口，又对肺部非常有好处。

万寿菊炖雪梨

养花必知

万寿菊有臭味，不适合摆放在室内，可以放在庭院或阳台，碧绿和玲珑的叶子衬托着橘黄色的花朵，能调节好家里的环境，让整个家显现和谐的气氛，给家人营造一个最适合生活的环境。万寿菊特别适合点缀在老年人房间的窗台（要常通风）等处，鲜黄夺目，惹人喜爱。

万寿菊喜阳光充足，充足阳光对万寿菊生长十分有利；喜温暖，生长适温15～20℃，冬季温度不低于5℃；对土壤要求不严，以肥沃、排水良好的砂质土壤为宜；万寿菊喜湿又耐干旱，忌浇水过多，特别是在夏季，虽然茎叶生长会旺盛，但开花会少而小；生长期要每月追施1次磷钾肥；常在2~4月进行播种繁殖。

药 用 小 偏 方

◎**感冒、咳嗽：**
万寿菊、金银花各15克，杏仁、桔梗各10克，水煎服。

◎**高血压：**
万寿菊、菊花、槐花各5克，沸水泡饮。

◎**腮腺炎：**
万寿菊、野菊花、金银花各适量，研成细末，用醋调敷患处。

◎**百日咳：**
万寿菊、枇杷叶、百部各10克，水煎服。

◎**头晕目眩、目赤咽痛：**
万寿菊、杭菊花、夏枯草各12克，水煎服。

长寿花

——小巧玲珑防辐射

长寿花又称寿星花、假川莲、圣诞伽蓝菜、矮生伽蓝，原产于东非马达加斯加岛，目前我国全国各地均有栽培，为景天科伽蓝菜属多年生肉质草本植物。

长寿花的光合作用与大部分的植物不同，大部分花卉在晚上的时候吸收氧气，释放二氧化碳，因此夜晚房间里有很多这样的花卉，对人的呼吸不利。但是长寿花在白天气孔闭合，到了晚上气孔才张开释放氧气，同时吸收二氧化碳，所以即使放在卧室里，夜晚也不与人争氧气，反而会使人们的呼吸更顺畅。此外，长寿花还有很强的防辐射作用，放在客厅的电视机旁是一个很好的选择。总之，长寿花对人的身体有极大的益处。

长寿花株形紧凑，叶片晶莹透亮，花朵稠密艳丽，可以美化家居，让人们生活在一个优雅的环境之中，心气

长寿花

调和，从而起到消除疲劳，缓解压力的作用，做起事来也往往会觉得特别得心应手。

养花必知

长寿花在 12 月至翌年 4 月开出鲜艳夺目的花朵，每一花枝上可多达数十朵花，花期长达 4 个多月，长寿花之名也由此而来。因为开花期在冬、春少花季节，又正逢圣诞、元旦和春节，可以用来布置窗台、书桌、案头，十分相宜，带给人喜庆的氛围。而且长寿花的整体观赏效果极佳，所以，无论是哪种风格的家居，用长寿花搭配都能点缀出节日的喜庆气氛。

长寿花喜阳光充足的环境，除盛夏中午宜稍荫蔽外，其余时间都要放在向阳处；喜温暖，生长适温为 15~25℃，而在疏松肥沃的微酸性砂质土壤中生长最佳；长寿花是多浆植物，体内含有较多的水分，故较耐旱而怕涝，常保持稍润即可，水多则易烂根落叶甚至死亡，盆土见干见湿，则枝繁叶茂花多；生长期每半个月要施 1 次稀薄液肥；常用扦插法繁殖。

向日葵

——检测污染，花形可爱

儿童

向日葵又称转日莲、向阳花、望日莲，又叫朝阳花，原产于北美洲的西南部，为菊科向日葵属一年生草本植物，花形像太阳，因其花常朝着太阳而得名。

向日葵可以吸收空气中的二氧化氮，而且能够检测氨气。

向日葵全身是宝，其茎髓、叶、花盘、果实均可入药。现代研究已经证实，花盘有清热化痰，凉血止血之功，还有显著的降血压作用；花既可清热解毒，消肿止痛，又可以治疗头晕、面肿、牙痛，并有催生功效；茎叶可疏风清热，清肝明目；茎髓可健脾利湿止带；根可清热利湿，行气止痛。向日葵一般在6~9月采花叶，9~11月采花盘、籽，果熟后采根茎，鲜用或晒干备用。

众所周知，向日葵籽可以食用，而且是我们非常喜爱的一种休闲零食，其实它还有非常丰富的营养。其含丰富的不饱和脂肪酸、维生素E、维生素B₆、

向日葵

药用小偏方

◎**高血压：**
向日葵花60克，玉米须30克，水煎加白糖调服。

◎**便秘：**
鲜向日葵根30克，捣烂取汁，加蜂蜜适量，温开水冲服。

◎**胃出血：**
向日葵花盘1个，水煎加蜂蜜调服。

微量元素等，可降低胆固醇、防止动脉硬化、预防心血管病、延缓衰老、增强记忆等，特别适合正在发育的儿童食用。既可以炒食，又可以榨油等，是保健、长寿和健美的食品。

🌸 养花必知

向日葵要求阳光充足的环境；喜温又耐寒，生长适温为15~25℃，冬季只要温度不低于10℃，就能正常生长，在适宜温度范围内，温度越高，生长越快；向日葵对土壤要求不严格，在各类土壤上均能生长；水分掌握不干不浇即可；不喜肥，生长期施1~2次稀薄液肥即可；常用播种法繁殖。

三色堇

——杀菌消毒，花色丰富

三色堇又称蝴蝶花、人面花、猫脸花、阳蝶花、鬼脸花，原产于欧洲南部，花期4~7月，果期5~8月，为堇菜科堇菜属一年或两年生草本植物。

三色堇全草可以用作药物。其有杀菌作用，可治疗青春痘、粉刺、过敏等诸多皮肤问题。在我国医药古籍记载的护肤圣品中，三色堇无疑是最炫目的。茎叶含三色堇素，有止咳和治小儿瘰疬的功效。三色堇一般在4~10月采花、叶、茎，鲜用或晒干备用。

小儿瘰疬（未破者），是什么意思呢？瘰疬是生于颈部的一种感染性外科疾病，在发病初期，颈部核块如黄豆大小，一个或数个，可同时出现或相继发生，皮肤的颜色没有变化，触摸时稍微有点硬，用手推还能活动，表面光滑，不热不痛。随着病情的加重，核块逐渐增大，与表皮粘连，有时数个核块互相融合成大的

三色堇

肿块，推之不能活动，有疼痛感。这种病症的发生，多因情志不畅，肝气郁结，进而影响脾的运化功能所致。如果小儿出现这种症状，还在初期的话，除了药物治疗之外，还可用三色堇来缓解，会有显著疗效。

养花必知

三色堇花色丰富可以作为花坛、花台、花池的镶边花卉；盆栽可以点缀窗台、阳台、茶几、餐桌和儿童房。

三色堇喜光，若是光线充足，则花大色艳；喜凉爽，生长适温为15~25℃；土壤以疏松、肥沃和排水良好的壤土或泥炭土加粗沙为宜；在生长过程中以稍干燥为宜，茎叶生长旺盛期可以保持盆土稍湿润；生长期间每20~30天施1次氮磷钾复合肥即可；常用播种、扦插和分株法繁殖。

药 用 小 偏 方

◎治咳嗽：
三色堇3~9克，水煎用蜜蜂调服。

◎治瘰疬（未破者）：
鲜三色堇适量，捣汁涂患处。

康乃馨

——活氧增湿的母爱之花

康乃馨又称狮头石竹、麝香石竹、大花石竹、荷兰石竹，原产于地中海地区，是目前世界上应用最普遍的花卉之一，为石竹科石竹属多年生草本植物。

康乃馨具有清心除燥，排毒养颜，调节内分泌的作用，同时具有固肾益精之功效，治虚劳、咳嗽、消渴等。现代社会人们很容易产生焦躁情绪，常表现为坐立不安、面部肌群抽动或跳动、四肢颤抖和小动作增加，焦虑还伴有许多躯体症状，如失眠、头痛、口干、出汗、脸色苍白或血压升高、呼吸短促等。如果你处在焦虑早期，那么就让康乃馨来大显身手吧。康乃馨可减轻压力，使人放松心情，适合情绪焦虑的人。在平时心情不好时，就可以泡上一杯康乃馨花茶，听着舒心的音乐，静静地梳理心绪，症状便会有所缓解。

康乃馨泡茶或者制药对人体来说都是非常有益处的，它可以补充人体缺少的微量元素，对血液循环有促进作用，促进人体的新陈代谢，还能美白皮肤，祛斑除皱。除了能调节女性内分泌之外，还可以促进乳腺发育，如果长期用康乃馨泡茶饮用对丰胸有好处。

养花必知

康乃馨放在茶几、餐桌、卧室、书房、镜前，可以使居室倍加温馨。

康乃馨喜阳光充足与通风良好的环境；耐寒性好，耐热性较差，生长适温14～21℃；宜栽植于富含腐殖质、排水良好的石灰质土壤；喜阴凉干燥，较耐旱；生长期每周施肥1次，饼肥和骨肥都可以；通常在2～4月进行扦插繁殖。

◎ 小便不利、尿路感染：
康乃馨花 15~30 克，水煎服。

◎ 月经不调、闭经：
康乃馨花、益母草各 15 克，丹参 9 克，红花 6 克，水煎服。

◎ 淋病：
康乃馨花、车前子、冬葵子、滑石各等份，共研末，白开水冲服。每次 3~6 克，早晚各 1 次。

康乃馨

蝴蝶兰

——象征纯洁幸福的天然氧吧

蝴蝶兰又称蝶兰，原产于欧亚、北非、北美和中美等地，为兰科蝴蝶兰属多年生常绿草本植物。

蝴蝶兰因花形而得名，其花姿优美，花色艳丽，为热带兰中的珍品，有"兰中皇后"之美誉。蝴蝶兰外形美丽，但是并不娇弱，它还有防辐射的作用，小型盆栽可摆放在电脑桌上，以减轻电脑辐射对人体健康的损害。有蝴蝶兰的家是非常宜人和有生气的，因为它可以净化居室空气，能吸收空气中的苯、甲醛、三氯乙烯及其他有害有毒气体，然后释放出人们需要的氧气，达到了一种换气的效果，被称为"天然氧吧"。

对抗辐射也是蝴蝶兰的重要作用，这种植物可以吸收电脑等辐射源释放出

健康功能	有害成分简式
吸收苯	C_6H_6
吸收甲醛	CH_2O
吸收三氯乙烯	C_2HCl_3

的多种辐射，可以减轻这些辐射物质对孕妇身体的伤害。

蝴蝶兰不仅有净化空气的功能，其花朵还可作为食材入馔，常与海鲜配合炒制；蝴蝶兰顶部的嫩叶也可以入菜食用。

🪴 养花必知

蝴蝶兰高贵大气，形态娇美，适合放在客厅、书桌、窗台上观赏。家庭种植的蝴蝶兰越美丽，说明家居环境越好，越适应人居住，所以蝴蝶兰还有衡量家庭空气质量是否达标的作用。

蝴蝶兰较喜阴，但仍需要使兰株接受部分光照，一般应放在室内有散射光处，忌阳光直射；家庭养蝴蝶兰要保证温度，适宜生长温度为 16 ~ 30℃；蝴蝶兰喜湿，新根生长旺盛期要多浇水，花后休眠期少浇水；蝴蝶兰要全年施肥，除非低温持续很久，否则不应停肥；通常在夏末春初进行分株繁殖。

蝴蝶兰

附录1 花草养护基本小常识

光照

绿色植物在接受光照后，通过光合作用才能把吸收的二氧化碳和水转化成富有能量的有机化合物。据测定，植物体内90%左右的营养直接来自光合作用，而根系从土壤中吸收的仅占6%左右。所以，没有了光照，花卉的一切生理活动就会停止。

光照影响花卉的生长，除光照的强度外，还有光照的长短。在自然条件下，花卉对日照时间长短的反应，称为光周期现象。光周期即是一日之中，昼夜长度的周期性变化。许多花卉的开花时期与光周期关系密切，不能满足其对光周期的要求时，就不能开花。人们常常利用这一特点，用增加或减少光照的办法来调整开花日期，使其花期提前或者延后。

短日照类花卉

花芽分化需要一定的日照时间，光照在12小时以下，经过一段时间就能现蕾开花的花卉植物，即为短日照类花卉，如菊花、象牙红、一串红等。在日照超过临界光长时，短日照花卉就会推迟开花。

在养花过程中，人们常用减少或增加光照时间的办法，来催前或延后花卉的开花。如晚菊于7月中下旬开始遮光处理，每天只给9小时左右的光照，遮光后20天即可现蕾，不到两个月开花。但是，如果在孕蕾初期，在日落后进行补光，使每天的光照不少于13小时，则可使花蕾的发育受到抑制，处于含苞待放的状态。

长日照类花卉

花芽分化需要日照的时间在12小时以上，经过一段时间就能现蕾开花的花卉植物，即为长日照类花卉，如唐菖蒲、紫茉莉、米兰等。

生活中，人们常用增加光照时间的办法来促进长日照花卉的开花。如要让唐菖蒲冬季开花，除需冷藏处理和保暖外，还需在夜间10点至次晨2点加光，每天补光照4~5小时，可在种植后的45天左右孕蕾开花。

温度

各种花卉的生长发育和休眠都要求达到一定的温度，温度过高或过低都可能受害。不同种类花卉因原产地的气候不同，对温度的要求也有所不同。在冬季，喜高温花卉，如果温度低于原产地就会出现冷害或冻死；喜低温花卉，如果冬季温度过高，不能充分休眠而空耗养分，就会影响第二年的生长和开花。为了栽培方便，通常根据常见花卉对温度的要求分成三类。

喜高温花卉

一品红、仙客来、九重葛和大多数附生兰花等，要求白天室温 20℃ ~22℃，夜间不低于 10℃。

喜低温越冬花卉

一般在长江流域可以露地越冬，如月季、桂花、柑橘、山茶花、春兰、蕙兰、八仙花、杜鹃花、栀子花、苏铁等。北方室内种植，越冬温度不低于 0℃ ~5℃即可。

中温花卉

介于前两类之间，在广东、广西地区可以露地越冬，如白兰花、茉莉花、米兰、扶桑、大部分仙人掌类植物、秋海棠类、大岩桐、荷包花等。北方种植冬季室内最低温度应不低于 7℃ ~10℃，经常保持在 18℃左右最好。

土壤

俗话说，好花需用好土养，配制培养土的原料有很多。家庭养花常见的原料土主要有以下几种：

壤土

壤土是指由沙、黏土和一些有机物质构成的养花用土。壤土有较强的保水性和保肥性。如果长期单独使用，这种土容易板结，透气性和透水性变差，不利于植物生长。所以应该配合其他材料使用更好。壤土和其他材料调配，常为 1 ∶ 3 的比例。这种土壤里面含有很多细菌，使用前要高温消毒。

腐叶土

由阔叶树和针叶树的树叶腐化而成的即为腐叶土，这类土壤具有丰富的有机质，透气性、保水性和排水性都很好，且重量轻，是一种理性的养花用土。另外，阔叶树的腐叶比针叶树的腐叶质量要好。但是，因为腐叶中含菌，所以在使用前一定要消毒。家庭养花时，腐叶土一般按 1 ：2 或 1 ：3 的比例和其他基质混合配制。

泥炭土

泥炭土是一种非常难得的养花用土，又叫草炭、黑土。泥炭土是指由苔藓等植物经过几千年堆积而成的土壤。泥炭土是育苗和盆栽花卉主要的栽培机质。因为有历史年代的沉积，所以这种土质量上乘。泥炭土呈强酸性，土壤疏松透气，吸水和保水性都不错，而且重量轻，养分还多。可以单独使用，但要加入些石灰，以便酸碱中和，也可以和珍珠岩等调配使用。

肥土

肥土是指用动物粪便经发酵、腐熟，再经脱水而成的，多为猪牛的粪便。肥土营养丰富，可以改良土壤，最适合喜肥速生的盆花。

园土

园土是指菜园、果园等处经过多年种植的熟土。这是普通的栽培土，因经常施肥耕作，肥力较高，团粒结构好，是配制培养土的主要原料之一。缺点是干时表层易板结，湿时通气透水性差，也不能单独使用。

细沙土

细沙土又称沙土、黄沙土、面沙等。细沙土的排水性好、强肥力、价格低，是非常好的培养土配制材料。

砻糠灰

砻糠灰是稻子用砻具轧脱下来的谷壳，经过燃烧后剩下的炭灰，有一定的肥力，可改善土壤的结构，增加土壤的疏松度，提高土壤的排水性和透气性。

陶粒

陶粒的吸水性、透水性和保肥性都非常好，没有粉尘污染，浸泡后不会解体或板结，可以单独使用。

木炭

木炭的透气性和透水性都很好。木炭是木材或木质原料经过不完全燃烧，或者在隔绝空气的条件下热解，所残留的深褐色或黑色多孔固体燃料经过粉碎处理取得。

浇水

花谚说："活不活在于水，长不长在于肥。"由此可见，水对花卉生长的重要性。

虽然浇花是最普通的一项工作，但也是一个让初级养花者很头疼的问题，往往掌握不好火候。而浇水不当是造成花卉死亡的最主要原因。对于浇水的多少，没有一个确切的标准，但只要把握大原则，再根据实际情况稍做调整即可。

浇水的多少要根据很多因素来具体确定。

首先，掌握浇水的基本原则。

花和人一样都离不开水分的滋润。但是也不是越多越好。给盆花浇水要根据每类花卉的生长习性区别对待，做到科学浇水。

对于一般盆栽花卉来说，要掌握"见湿、见干"的原则，如月季、扶桑、石榴、茉莉、米兰、君子兰、鹤望兰、吊兰、棕竹、五针松、观赏竹、秋海棠等。所谓"见干"，是指浇过一次水之后，只要土面发白，表层土壤干了，就可以浇第二次水，但不能等盆土全部干了才浇水。所谓"见湿"，是指每次浇水时都要浇透，即浇到盆底排水孔有水渗出为止，但不能浇"半截水"（即上湿下干）。因为花卉的根系大多集中于盆底，根的尖端吸不到水分，浇"半截水"实际上等于没浇水，从而影响花卉生长。这个原则既满足了这类花卉生长发育所需要的水分，又保证了根部呼吸作用所需要的氧气，有利于花卉健壮生长。

以上的浇水原则尤其对于木本花卉和半耐旱花卉更为严格。比较常见的花卉品种有蜡梅、梅花、绣球、大丽菊、天竺葵等，还包括部分杉科植物。

对于耐旱花卉，浇水应掌握"宁干勿湿"的原则，如仙人球、仙人掌、山影拳、虎尾兰、龙舌兰、石莲花、珍珠掌、景天、燕子掌、芦荟、条纹十二卷、佛手掌、水晶掌、落地生根、长寿花、小犀角、玉米石、生石花、松叶菊等仙人掌类及多肉植物。这类植物有的叶子退化变为刺状，有的茎叶肥大能贮存大量水分，因而能忍耐干旱，但怕涝。

对于湿生花卉，浇水应掌握"宁湿勿干"的原则，如蜈蚣草、虎耳草、吉祥草、马蹄莲、海芋、龟背竹、旱伞草等。这类花卉极不耐旱,在潮湿的条件下生长良好,若水分供应不足,则生长衰弱,但不能积水,否则易引起烂根。

此外,水生花卉,如荷花、睡莲、凤眼莲等,这类花卉需要生活在水中。

其次,掌握浇水的技巧。

浇水技巧一:一般情况下采用喷浇的方式。因为喷水能降低花卉周围的气温,增加空气湿度,减少植物蒸腾作用,冲洗叶面灰尘,提高光合作用。经常喷浇的花卉,枝叶洁净,能提高观赏价值,但盛开的花朵及茸毛较多的花卉不宜喷水。

浇水技巧二:灵活的浇水原则。喜湿的花卉,放置的位置不同,需水量也会有差异。例如,如果把花放置在阴凉的地方,可能一天浇一次水即可。否则,过分潮湿的土壤环境会使花卉的根系无法呼吸,继而烂根死亡。根死了,花当然也活不成,这也就是浇水成为养花的关键原因。

所以,家庭养花要区别对待,根据花卉的习性,结合周围的环境,来确定浇水量,不能要浇一起浇,要干一起干,这样做只会伤害花卉。

施肥

肥料对花卉是怎样的一种存在?其实,它就好比营养品对于人体的作用。肥料是花卉生长所需元素的提供者,是保证枝繁叶茂的物质基础。施肥的目的就是补充土壤中肥分的不足,以便及时满足花卉生长发育过程中对营养的需要。施肥合理,养分供应及时,花卉就会生长健壮,枝繁叶茂,花多果硕,观赏价值增高。反之,长期不施肥或施肥不科学,花卉就会生长不良,缺少营养,该开花的时候不开花,该结果的时候不结果,降低或丧失观赏价值。

想要自己种植的花卉茁壮成长就要懂得用肥之道,这是养花经验之谈。由于花卉为观赏植物,因此需要了解花卉的营养特性,有针对性地施肥,才能培养出优质的花卉,满足人们美化环境的需要。

现在市面上的花卉肥料有很多种类,应该怎样选择适合自己花卉的肥料成为诸多养花爱好者关心的问题。首先我们先要了解一些花卉的肥料。

肥料可分为有机肥料、无机肥料(化学肥料)和微生物肥料等。

有机肥料

有机肥料又称农家肥、天然肥料,如腐熟的饼肥、牛粪、人粪尿、河泥、绿肥、腐烂的动植物残体等,它们含养分较全,不仅含氮、磷、钾等大量元素,还含有各种微量元素,但肥效慢、营养含量低。有机肥适合用作基肥,具养分完全、肥效长的特点,能使土壤团粒结构等理化性状得到改善,有利于植物根系的发育生长及对水、肥的吸收。由于其氮肥含量较多而磷、钾肥含量较少，多在施用时加入骨粉（动物饲料商店有售）或过磷酸钙、氯化钾、硫酸钾等含磷、钾肥类的材料。

无机肥料

无机肥料又称化学肥料，其有养分含量高、使用方便、肥效快的特点，很受人们的喜爱，多作追肥使用。但肥分单一，易流失，长期使用易使土壤板结，使土壤的理化性状恶化，有的甚至形成盐毒害。无机肥需要和有机肥料配合使用。

微生物肥料

这种肥料主要是指根瘤菌、固氮菌及有机物分解细菌等。根瘤菌和固氮菌与植物的根部形成共生关系，有利于植物根部对营养物质的吸收。有机物分解细菌可将土壤内的有机物分解为植物根部能吸收的无机物。微生物肥料目前在花卉上应用较少。

了解了各种肥料的特性，就要根据花卉的生长习性有针对地施肥。

根据花卉种类施肥

以观叶为主的花卉，可偏重于施用氮肥。以观花为主的花卉，在花期需要施适量的完全肥料，促使全面开花。以观果为主的花卉，在开花期适当控制肥水，而在壮果期施足完全肥料，便于结出累累硕果。每年需要修剪的花卉，要增加钾、磷肥的比例，以促使其萌发新枝条。

根据花卉生长期施肥

因为花卉在蓓蕾期需要大量养分，所以需施磷、钾肥为主的肥料，以促使花芽分化，从而增加花蕾和开花的数量。但花开时不宜施肥，否则会使植株过早诱发新枝，缩短花期。花卉坐果后需大量养分，但果初期不要施肥，以免造成落果。待果实坐稳后，应施磷、钾肥，这样能使果实、果柄生长，结出累累硕果。

根据植株长势施肥

生长茂盛的植株生理活动旺盛，吸收能力强，需养分多，要勤于施薄肥。病弱植株生长慢，吸收能力差，需肥少，可少施或不施肥。因为花卉有"虚不受补"的现象，如果培养土中的养分过多，引起烧根现象，可能会导致植株死亡。

根据季节施肥

春夏季是花卉生长的旺期，需要较多的养分，所以应施以氮为主的肥料，使其根系发达健壮，促进枝条生长，利于开花结果。秋季植株生长缓慢，需肥量减少，为了提高其抗寒能力，应施少量磷、钾肥料。冬季花卉进入了休眠期，不要施肥，但冬季入室的部分盆花还可以继续生长，在这种情况下，可施少量的肥料，以满足其生长的需要。

修剪和整形

花卉修剪与整形的方法主要有以下几种：

剪根

剪根是种植的重要措施。在换盆时，将腐朽根、衰老根、枯死根和染有病虫的根予以剪除，同时将过长根、损伤根和侧根进行适当短剪，以促使萌发更多的须根。

疏剪

疏剪是把不需要的枝条从基部生长处剪除，主要剪去密生枝、徒长枝、交叉枝、衰老枝、病虫枝，目的是使枝条分布均匀，改善通风透光条件，调节营养生长和生殖生长的关系，使营养集中供给保留的枝条，促进开花结果。疏剪应从枝条上部斜向剪下，不留残桩，剪口要平滑。

短剪

短剪是指将一年生的枝条剪去一部分，又称短截。这种修剪又按剪的程度不同分为轻剪（轻短截）和重剪（重短截）。

在花卉的生长期间修剪一般多为轻剪，即剪去整个枝条长度的一半以下，目的是要通过修剪，分散枝条养分，促使产生多量中短枝条，使其在入冬前充分木质化，形成充实饱满的腋芽或花芽。

植株在休眠期间修剪，则多为重剪，即剪除整个枝条长度的一半以上，对于一些萌发力强的花木，有时则将枝条的绝大部分剪除，仅保留基部的 2 ~ 3 个侧芽，促使萌发壮枝，以利于开花。

摘心、摘叶

摘心是指将植株主枝或侧枝上的顶芽摘除。摘心可以抑制主枝生长，促使多发侧枝，并使植株矮化、粗壮、株形丰满，增加着花部位和数量，摘心还能推迟花期，或促使其再次开花。

摘叶是指在植株生长过程中，适当剪除部分叶片，目的是为了促进新陈代谢，促进新芽萌发，减少水分蒸腾，使植株整齐美观。如常绿花木及在生长季节进行移栽的花木，均需摘掉少量叶片。

病虫害防治

名称	症状	防治措施	易患花卉
褐斑病	生病的花卉植株叶面上会出现褐色的斑点，所以形象地被称为褐斑病。这种花卉病害会严重影响花卉的观赏性及其健康程度	发病严重时，应喷药防治，可以喷施1%的波尔多液，或75%的百菌灵可湿性粉剂600～800倍释液，或可喷洒65%可湿性代森锌粉剂500～600倍液，或50%代森铵200倍释液，或布托津200倍稀释液	菊花、芍药、牡丹、榆叶梅、紫薇、一品红、贴梗海棠、杜鹃、山茶、桂花、郁金香
白粉病	白粉病可侵害叶片、枝条、花柄、花蕾。在叶背面或两面出现一层白色粉状物，叶片卷曲，不能开花或开畸形花。严重时植株矮小，花小而少，叶片萎缩干枯，甚至死亡	注意通风透光，增施磷、钾肥、氮肥适量。在休眠期喷洒2～4度波美度石硫合剂；在生长季节喷70%甲基托布津可湿性粉剂700～800倍液，或50%多菌灵可湿性粉剂800～1000倍液、50%代森铵粉剂800～1000倍液	月季、蔷薇、凤仙花、菊花、大丽花
叶霉病	叶霉病发病初期，叶片上会出现圆形紫褐色斑点，乍看起来有点像褐斑病的样子，但是随着时间的推移，这些斑点的面积会逐渐扩大，并且中央呈淡黄褐色，边缘呈紫褐色，病斑上有明显的同心轮纹	加强管理，注意整枝，保持植株通风性和透光性，保持土壤干爽；及时清理病叶、枯枝，并将其集中烧毁；在初春和初秋时每周喷1次波尔多液120～160倍液或65%代森锌可湿性粉剂500～600倍液进行预防	杜鹃、水仙、茉莉花、丁香花、桂花、君子兰
炭疽病	发病初期叶片上出现圆形或半圆形红褐色斑块，以后变成黑褐色。在病斑的四周还会出现黄色晕圈，严重时许多病斑融合在一起变成条带状，中央变成灰白色并出现小黑点，使叶片坏死而脱落	经常在花卉的茎、叶上喷洒160倍波尔多液，每半个月喷1次，连续喷2～3次。发病后可喷洒浓度为50%的菌丹500倍液或浓度50%的多菌灵500倍液，每隔7天喷1次，共喷3～4次，可防止感染	梅花、米兰、君子兰、无花果、石竹、橡皮树、仙客来、仙人掌类、牡丹、鸡冠花、金盏菊、冬珊瑚、散尾葵、万年青、茉莉

附录② 九种体质自测表

平和体质

平和体质又叫作"平和质"，是最稳定、最健康的体质。一般产生的原因是先天禀赋良好，后天调养得当。平和体质以体态适中、面色红润、精力充沛、脏腑功能状态强健壮实为主要特征的一种中医体质养生状态。平和质所占人群比例约为 32.75%，也就是三分之一左右。男性多于女性，年龄越大，平和体质的人越少。

总体特征：阴阳气血调和，以体态适中、面色红润、精力充沛等为主要特征。

形体特征：体形匀称健壮。

常见表现：面色、肤色润泽，头发稠密有光泽，目光有神，鼻色明润，嗅觉通利，唇色红润，不易疲劳，精力充沛，耐受寒热，睡眠良好，胃纳佳，二便正常，舌色淡红，苔薄白，脉和缓有力。

心理特征：性格随和开朗。

发病倾向：平时患病较少。

对外界环境适应能力：对自然环境和社会环境适应能力较强。

阳虚体质

阳虚指阳气虚衰的病理现象。阳气有温暖肢体、脏腑的作用，如阳虚则机体功能减退，容易出现虚寒的征象。常见的有胃阳虚、脾阳虚、肾阳虚等。阳虚主症为畏寒肢冷、面色㿠白、大便溏薄、小便清长、脉沉微无力等。

阳虚体质主要表现为五脏阳虚：

心阳虚：兼见心悸心慌，心胸憋闷疼痛，失眠多梦，心神不宁。

肝阳虚：兼见头晕目眩，两胁不舒，乳房胀痛，情绪抑郁。

脾阳虚：兼见食欲不振，恶心呃逆，大便稀溏，嗳腐吞酸。

肾阳虚：兼见腰膝酸软，小便频数或癃闭不通，阳痿早泄，性功能衰退。

肺阳虚：咳嗽气短，呼吸无力，声低懒言，痰如白沫。

阴虚体质

和实性体质接近，为阴血不足，有热象表现为经常口渴、喉咙干，容易失眠、头昏眼花、容易心烦气躁、脾气差，皮肤枯燥无光泽、形体消瘦，盗汗、手足易冒汗发热、小便黄、粪便硬、常便秘等，舌红少津。

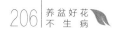
阴虚体质的表现特征：

总体特征：阴液亏少，以口燥咽干、手足心热等虚热表现为主要特征。

形体特征：体形偏瘦。

常见表现：手足心热，口燥咽干，鼻微干，喜冷饮，大便干燥，舌红少津，脉细数。

心理特征：性情急躁，外向好动，活泼。

发病倾向：易患虚劳、失精、不寐等病；感邪易从热化。

对外界环境适应能力：耐冬不耐夏；不耐受暑、热、燥邪。

气虚体质

气虚体质指人的气力不足，体力和精力都感到缺乏，稍微劳作便有疲劳之感，机体免疫功能和抗病能力都比较低下。简单点讲，就是人体由于元气不足引起的一系列病理变化，就被称为气虚。

气虚体质的表现特征：

总体特征：元气不足，以疲乏、气短、自汗等气虚表现为主要特征。

形体特征：肌肉松软不实。

常见表现：平素语音低弱，气短懒言，易疲乏，易出汗，舌淡红，脉弱。

心理特征：性格内向，不喜冒险。

发病倾向：易患感冒、内脏下垂等病；病后康复缓慢。

对外界环境适应能力：不耐受风、寒、暑、湿邪。

血瘀体质

血瘀体质就是全身性的血脉不畅通，有一种潜在的瘀血倾向。在气候寒冷、情绪不调等情况下，很容易出现血脉瘀滞不畅或阻塞不通，也就是瘀血。瘀塞在什么部位，什么部位就发暗发青、疼痛、干燥瘙痒、出现肿物包块，当然此部位的功能也会受到影响。

典型的瘀血体质，形体偏瘦者居多。"瘀血不去，新血不生"，微循环不畅通，直接影响组织营养，就算吃得不少，也到不了该去的地方发挥营养作用。而且由于下游不畅，时间久了也会使上游食欲受到影响。

血瘀体质者皮肤干燥较多见，这是血脉不畅通在皮肤上的反映。皮肤干燥常引起瘙痒，中医认为这是风，"治风先治血，血行风自灭"。

血瘀体质者很难见到白白净净、清清爽爽的面容，对女性美容困扰很大。容易生斑，面色晦暗，口唇发暗，眼睛浑浊，常有红丝盘睛。容易脱发，而且不好治。也常见以难以透脓的黯紫小丘疹或结节为主的痤疮，痤疮之后的暗疮印很难消散。

血瘀体质的表现特征：

总体特征：血行不畅，肤色晦暗、舌质紫黯等。

形体特征：胖瘦均见。

常见表现：肤色晦暗，容易出现瘀斑，口唇黯淡，舌下络脉紫黯或增粗，脉涩。

心理特征：易烦，健忘。

发病倾向：易患症瘕及痛证、血证等。

对外界环境适应能力：不耐受寒邪。

湿热体质

看中医时，我们常会听医生说"湿热"。那么，什么是湿热，湿热有哪些表现，应注意什么问题呢？要明白湿热，先应了解什么叫湿，什么叫热。

所谓湿，即通常所说的水湿，它有外湿和内湿的区分。外湿是由于气候潮湿或涉水淋雨或居室潮湿，使外来水湿入侵人体而引起；内湿是一种病理产物，常与消化功能有关。中医认为脾有"运化水湿"的功能，若体虚消化不良或暴饮暴食，吃过多油腻、甜食，则脾就不能正常运化而使"水湿内停"；且脾虚的人也易招来外湿的入侵，外湿也常因阻脾胃使湿从内生，所以两者是既独立又关联的。

所谓热，则是一种热象。而湿热中的热是与湿同时存在的，或因夏秋季节天热湿重，湿与热合并入侵人体，或因湿久留不除而化热，或因"阳热体质"而使湿"从阳化热"，因此，湿与热同时存在是很常见的。

湿热体质的表现特征：

总体特征：面部和鼻尖总是油光发亮，易生粉刺、疮疖，常感到口苦、口臭或嘴里有异味，经常大便黏滞不爽，小便有发热感，尿色发黄，女性常带下色黄，男性阴囊总是潮湿多汗。

形体特征：湿热体质的人形体偏胖或苍瘦。

常见表现：面垢油光、多有痤疮粉刺、常感口干口苦、眼睛红赤、心烦懈怠、身重困倦、小便赤短、大便燥结或黏滞、男性多有阴囊潮湿、女性常有带下增多。病时上述征象加重。

心理特征：湿热体质的人性格多急躁易怒。

发病倾向：湿热体质的人易患疮疖、黄疸、火热病等征。

对外界环境适应能力：湿热体质的人对湿环境或气温偏高，尤其夏末秋初，湿热交蒸气候较难适应。

痰湿体质

痰湿体质是目前比较常见的一种体质类型，当人体脏腑阴阳失调，气血津液运化失调，易形成痰湿时，便可以认为这种体质状态为痰湿体质，多见于肥胖人，或素瘦今肥的人。

痰湿体质的表现特征：

总体特征：痰湿凝聚，以形体肥胖、腹部肥满、口黏苔腻等为主。

形体特征：体形肥胖，腹部肥满松软。

常见表现：面部皮肤油脂较多，多汗且黏，胸闷，痰多，口黏腻或甜，喜食肥甘甜黏，苔腻，脉滑。

心理特征：性格偏温和、稳重，多善于忍耐。

发病倾向：易患消渴、中风、胸痹等病。

对外界环境适应能力：对梅雨季节及湿重环境适应能力差。

气郁体质

人体之气是人生命运动的根本和动力。生命活动的维持，必须依靠气。人体的气，除与先天禀赋、后天环境及饮食营养相关以外，且与肾、脾、胃、肺的生理功能密切相关。所以机体的各种生理活动，实质上都是气在人体内运行的具体体现。当气不能外达而结聚于内时，便形成"气郁"。中医认为，气郁多由忧郁烦闷、心情不舒畅所致。长期气郁会导致血循环不畅，严重影响健康。

气郁体质的表现特征：

总体特征：胸闷不舒，舌淡红，苔白，脉弦。

形体特征：形体消瘦或偏胖，面色苍暗或萎黄。

常见表现：有时乳房及小腹胀痛，月经不调，痛经；咽中梗阻，如有异物；或颈项瘿瘤；胃脘胀痛，泛吐酸水，呃逆哎气；腹痛肠鸣，大便泄利不爽；体内之气逆行，头痛眩晕。

心理特征：神情忧郁，情感脆弱，烦闷不乐。

发病倾向：颈项部的甲亢、慢性胃炎、慢性结肠炎、慢性胆班炎、肝炎等。

对外界环境适应能力：对精神刺激适应能力较差；不适应阴雨天气。

特禀体质

特禀体质又称特禀型生理缺陷、过敏。"特"指的就是特殊禀赋，是指由于遗传因素和先天因素所造成的特殊状态的体质，主要包括过敏体质、遗传病体质、胎传体质等。

特禀体质的表现特征：

总体特征：先天失常，以生理缺陷、过敏反应等为主要特征。

形体特征：过敏体质者一般无特殊；先天禀赋异常者或有畸形，或有生理缺陷。

常见表现：有的人即使不感冒也经常鼻塞、打喷嚏、流鼻涕，容易患哮喘，容易对药物、食物、气味、花粉、季节过敏；有的人皮肤容易起荨麻疹，皮肤常因过敏出现紫红色瘀点、瘀斑，皮肤常一抓就红，与西医所说的过敏体质有些相像。

发病倾向：过敏体质者常见哮喘、风团、咽痒、鼻塞、喷嚏等；患遗传性疾病者有垂直遗传、先天性、家族性特征；患胎传性疾病者具有母体影响胎儿个体生长发育及相关疾病特征。

对外界环境适应能力：易致过敏季节适应能力差，易引发宿疾。

附录3 世界卫生组织定义绿色健康住宅的标准

1. 会引起过敏症的化学物质的浓度很低；

2. 为满足第一点的要求，尽可能不使用易散的化学物质的胶合板、墙体装修材料等；

3. 设有换气性能良好的换气设备，能将室内污染物质排至室外，特别是对高气密性、高隔热性来说，必须采用具有风管的中央换气系统，进行定时换气；

4. 在厨房灶具或吸烟处要设局部排气设备；

5. 起居室、卧室、厨房、厕所、走廊、浴室等要全年保持在 17℃ ~27℃；

6. 室内的湿度全年保持在 40% ~70%；

7. 二氧化碳要低于 1000PPM；

8. 悬浮粉尘浓度要低于 0.15 毫克 / 平方米；

9. 噪声要小于 50 分贝；

10. 一天的日照确保在 3 小时以上；

11. 有足够亮度的照明设备；

12. 住宅具有足够的抗自然灾害的能力；

13. 具有足够的人均建筑面积，并确保私密性；

14. 住宅要便于护理老龄者和残疾人；

15. 因建筑材料中含有有害挥发性有机物质，所有住宅竣工后要隔一段时间才能入住，在此期间要进行换气。